チェルノブイリの惨事

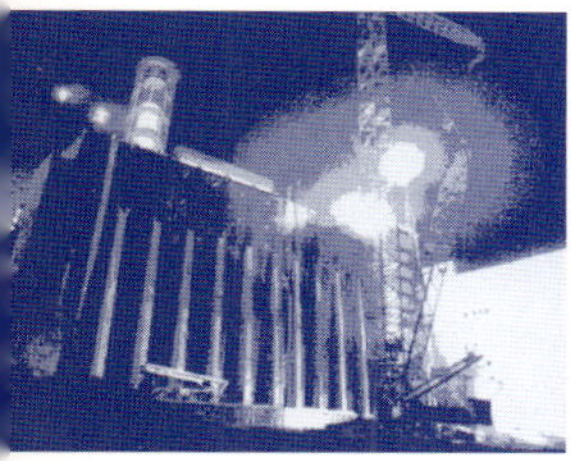

ベラ・ベルベオーク／
ロジェ・ベルベオーク 著
桜井醇児 訳

緑風出版

日本語版への序文

原子力産業は原子力災害が起こり得る可能性を無視し、あるいは、これを実に否定することにより、育成され、発展してきた。原子力技術の危険などありうる筈がないと言うのだ。広島と長崎が原爆によって壊滅した時には、科学者達はこの新しいエネルギーを問題視したのではなく、熱狂してこれを祝福したのである。この核兵器使用に関する危険に人々が気付き始めると、一九四五年八月の原爆投下の悲劇は、原子力を「平和のための原子力」として変身させるための記念碑へと姿を変えた。

一九八六年四月のチェルノブイリ原子力発電所の大規模な災害は、原子力に批判的な人々をも含めて、多くの人にとって、大きな驚きであった。しかし、このような規模の事故が絶対に起こらないという保障は存在していなかった。

原子力エネルギーの推進者は状況を逆手にとり、チェルノブイリ事故を再度利用しようとしている。彼らは、チェルノブイリ事故は原子力エネルギーの危険を証明するものではなく、ソビエトの欠陥の多い原子炉設計、責任のない官僚的な管理体制が原因であったとするのである。西側の専門家達は、このような事故は西側では起こり得ないとして、原子力エネルギーは旧ソビエトや東欧諸国では危険であるが、西側では安全であると宣言したのである。

チェルノブイリ事故は産業国家にとって、原子力災害の社会管理を経験するための機会となった。専門家達は国際レベルで協力し、事故の被害を受けた住民が蒙る危険を意識しないように仕向け、住民が危機の社会管理に突入してくるのを避けようとして、力を注いだのである。

専門家は国際機関で発言し、チェルノブイリ事故の放射線の影響に関する報告を行なう。例えば、一九九一年五月には国際原子力機関所属の委員会報告がなされた。この委員会の結論は次のようなものである。この事故による放射線の住民に対する影響は、今までも、今後も皆無であり、ソビエト官憲の行なった住民避難と制定された食料汚染基準といった予防対策は過剰に過ぎ、住民の間に不当な苦痛を与えたと。

この委員会は広島の放射線影響研究所の重松逸造氏を委員長としている。委員会のメンバーには広島からもう一人の専門家、藏本淳氏の名がある。この二人の広島の専門家の名前の存在は、この委員会の結論にいろいろな意味合いで、象徴的な重みを与えている。原爆による広島と長崎の壊滅は一瞬の内であり、これが大災害であることはただちに了解された。しかし、チェルノブイリにおいては事情は全く異なっていた。原子炉以外には破壊はなく、短期間には犠牲者は少なかった。

だが、放射線は何百万人かの人々の体の細胞に刻印を刻み、その後、多くの癌を発生させ続けるのである。一九八六年以来、甲状腺障害や諸疾患がとりわけ子供に増加しており、放射能汚染が公式に発表されたものよりずっと重大であったという証拠を与えている。大災害が重大な局面を迎えるのは、今後であると予測される。

原子力災害の管理は住民の健康保護の観点にたって行なわれるのではなく、社会経済への配慮が先導されるということを、チェルノブイリ事故は明白に示した。責任者にとって、事故後の管理は、社会騒擾を避け、住民に被害の現状をそのまま甘受させることにつきる。

フランスと日本は世界中で面積当たりの原子力発電所の密度の大きい国である。フランスでは九八〇〇平方キロメートル当たりに一基、日本では八〇〇〇平方キロメートル当たりに一基であり、これはアメリカに比べて十倍である。また、フランスと日本は、原子力に基づく電力生産の増加を計画する数少ない国家である。アメリカでは高速増殖炉はずっと以前に放棄され、一九七三年以来新しい原子力発電所の発注は行なわれていない。

一九八九年五月のフランス政府レポートによると、「チェルノブイリ事故のために原子力発電所に対する異議が増加しているが、日本では強力な原子力発電の世界的な名声を得ようとして、通産省の予測に比べると計画実行は遅れているものの、この遅れを取り戻す努力がなされるであろうと見込まれている」とある。

フランスでは、クレイ・マルヴィルの高速増殖炉は重大な失敗であったので、操業停止することが決まったばかりである。

日本では、高速増殖炉「もんじゅ」の運転開始を間近にしている。使用燃料の再処理とプルトニウム抽出は、フランスのラ・アーグ再処理工場に送られてくる代わりに、六ヶ所村の工場で処理されることとなろう。

フランスと日本の原子力の政治・経済ロビーの強さは肩を並べている。フランスでは原子力計画を正当化するために、「日本を注目しよう。日本では原子力が推進されている。フランスでこれを減速しなければならない理由はない」との声が出ている。しかし、日本でも他の国と同じように、原子力事故が起こらないとする絶対的な保障はなく、また、企業間の競争は激しい。

原子力発電のような複雑で過酷な技術においては、設計の誤り、操作の誤り、欠陥部品、管理の欠陥は材料の劣化と脆性に結びつく。合金や鋼が腐食し、穴があき、突然破損するのを防ぐことはできない。事故が起こらないという法則はなく、いつ事故が起こっても不思議ではないのだ。

チェルノブイリ事故は、ベラルーシ、ウクライナ及びロシアの住民にとって、公式に宣言されなくても、悲劇として今後も継続する。原子力産業のこの現実を知ることは、フランスと日本の住民にとって急務であろう。

人の社会は誤りを犯すことなしに済ませることができない。しかし、原子力事故の起きた時の重大さを考慮すると、原子力社会では事故は許容できないものである。この矛盾のしわ寄せは結局のところ住民である。事故の影響を住民に許容させる専制的な権力の下で、事故が許容されるのである。

原子力を推進する社会の社会管理において、現在、いくらかの民主主義の儀式を行なうことはできよう。現実にはあまり有効性を持つとは期待できないが、このような民主主義の儀式を行なうことや、単に、危機的な事故の可能性とその悲劇的な結果を意識することだけでも、原子力社会の社会管理にとっては邪魔もの、心配事となり得る。社会全体に対する正当性を持たない専門家に先導された専制社会の利益のためには、このような儀式さえもやがて放棄させられることとなろう。

核社会からの脱却は、我々と我々の子孫のために緊急に必要であるし、我々の社会の民主制の残存のためにも欠くべからざるものである。

チェルノブイリの惨事◎目次

チェルノブイリの惨事●目次

第二章　チェルノブイリ原子力発電所大災害の記録——53

目次

チェルノブイリの惨事

第一章　原子力社会の発端

広島からチェルノブイリまで

ウクライナのチェルノブイリ原子力発電所で事故が起きたのは、一九八六年四月であった。この事故は被害者家族のみに被害を与える、工業社会にはつきものの、昔ながらの事故であったのだろうか？

チェルノブイリ事故も、当初、このような事故として扱われようとした。しかし数年が経ち、このような扱いは現実に則したものではないことが明らかになった。チェルノブイリ事故は、現代の工業社会の災害がどのようなものであるかを示す、特別の大災害であり、時代を画するものである。近年、一般産業事故の規模は、どんどん大きくなっており[1]、化学産業分野では、防災研究も発展している。他方、原子力産業では、産業事故は、時間的にも空間的にも、規模が大きくなり、比較するものがないものとなった。事故時、および事故後の状況の管理のために、国家の介入が技術的にも、社会的にも、欠くことの出来ないものとなった。国家は、社会的影響を考えて、原子力災害の管理のための必要な措置を講じざるを得ない。この点からも、チェルノブイリ事故の経験が意味するものは大きい。

事故は産業の生産活動に随伴して生じるものである。かつては、生産規模が限られており、随伴する事故も地域的に限られたものであった。今や、職人的生産は新しい生産へと変化し、これに伴って、消費は大量消費へと発展した。原子力関連の事故は、今までにない新しい性格を帯びたものとなった。

原子核エネルギーが初めて人々の前に姿を現わしたのは、一九四五年八月六日のことであった（当時フランスでは、人々は原子核エネルギーとは呼ばず、単に、原子エネルギーと言っていた）。広島の町は、一瞬の内に、ほぼ完全に壊滅したのであった。三日後には、長崎において、同じ行為が繰り返され、この新しいエネルギーが思い通りに動作することが確実となった。大衆の驚きは大きかったが、一九三九年の大発見と、その後の発展に通じていた科学者は改めて驚きはしなかった。この大量殺人の行為は、数年経ってから書かれたものとは違って、当初、科学者にも大衆にも、呵責の念をまったく引き起こさなかった。反対に、この大量殺人は、原子力時代という新しい時代の到来を告げるものとして受け取られた。一九四五年八月八日付の『ルモンド』紙は、「科学革命——アメリカが原子爆弾第一弾を日本に投下」という記事を載せている。どの新聞も、ほぼ、異口同音であった。生ける者は一秒の何万分の一という短い時間の内に蒸発してしまい、壁の上にその者の陰だけが残ったというような、このおぞましい大惨事は、恐怖と憤慨を引き起こしたのではなかった。[2]そうではなく、原子爆弾は人類をついに労働の制約から解放し、輝かしい未来を約束するものだとして、受け取られたのである。物質が、どこでも、際限なく、苦労も危険もなく、自由に使うことが出来る無尽蔵なエネルギー源に変換することが、明らかになったのである。全く非現実的な試案が、すぐ近い将来、人々の手の届くものになるだろうとして、真面目に提案された。科学者の熱狂は絶頂に達した。広島は人類の自由の時代を開くものとなるのだ。日本に原爆が投下されたことは、科学関係者すべてに祝福され、誇りとされた。原子核エネルギーの利用によって人類は人類に準備されていた新しい世界の扉を開くことになるのであり、これがマンハッタン計画に対するノーベル賞なのだ！　科学者達の出番である。人類は新しい自由な時代を迎えたのだ。

チェルノブイリ、それは、呪詛である。またしても、科学者達の出番である。しかし、今度は明るい将来を指し示すためではなく、一九四五年に生まれた原子核時代のもたらす暗い見通しと、大災害をカモフラージュするためなのである。原子力災害の驚くべき規模の大きさが、未来の社会にためらいと、原子力政策の修正をもたらすものとなる危険がある。一九四五年に、当時の学者達が約束した輝かしい未来の代わりに、現今の専門家達が示そうとするのは、万一災害が起きても、個人の保護を無視すれば、この災害は社会的には管理することが出来るということなのである。放射線に輝く原子力エネルギーの将来にとって、チェルノブイリが垣間見せた暗い陰は、抗し難いものであり、現代が支払わねばならぬ代償なのである。この災害は個人にとっては、「我慢できない」ものがあるが、(はっきりと口に出すのは、躊躇されるが)「社会的には許容できる」ものであることを、専門家達は示そうとしている。[3] しかし、社会を持続させるのは、結局のところ、個人の被曝死のお陰であるというのは、どこか奇妙ではないか? 一九四五年の原爆投下時の歓迎と賛歌からは、ほど遠いではないか?

広島は新しい世界の扉を開くものであった。しかし同時に、科学者・技術者達の深い分裂を引き起こすものでもあった。科学競争が、世界の分裂と東西間の冷戦に参画した。一方、チェルノブイリは、一九四五年に生まれた「新しい世界」の幕を閉じ、神秘的な科学幻想を終わりにした。今回、科学者達は国際的な協力を行なった。[4] 科学者達の社会的な身の安泰を保障する権力構造を問う代わりに、原子力災害は、彼らに一層強力な権力を持つ国際共同体を組織させた。科学者は不可避的に、自らの力の拠り所である災害管理に協力することになり、このこと以外にはなす術がない、という時代になったのだ。

専門家、メディア、チェルノブイリ

チェルノブイリ原子力発電所の事故の後数日間、新聞各紙の一ページ目には、新しいタイプの英雄達の放射線被曝による急性障害死の恐怖が報じられた。彼らは、近接作業のために送り込まれたのである。この英雄達は、被曝の影響には無知であったので、状況管理の責任者の任務は大いに楽であった。次回、事故が起こったならば、英雄達を動員するのはもっと困難であろうし、志願者を募るためには何らかの措置を講じる必要があろう。

新聞は事故後いつものように、詳細な事故報告を作ろうとした。数日間、死亡者は三〇名か三二名なのかが、論じられた。大量放射線被曝による急性障害は痛ましいが、この報告は一面人々を安堵させるものでもあった。飛行機事故よりも、死亡者が少なかったからである。英雄達が、不吉なものをうまく閉じ込めてくれたのだ。現地の清掃作業のために、後に何十万人かの動員が必要になることは、その段階では思いもよらなかった。しかし、現実には、この作業をいつ終えることが出来るのか、未だに解らないのである。石棺は、危急の原子炉を永久に幽閉する、最終的な手段の筈であった。しかし、五年も経たないうちに、重大な心配が持ち上がった。もう一度、石棺を作り直さねばならないのだが、誰もこのための具体策を持ち合わせていないのだ。一般住民には、生命の危険におよぶ被害はないといわれていた。しかし、原子炉の周辺三〇〇〇平方キロメートルの地域に住んでいた住民、一三万五〇〇〇人を緊急避難させねばならなかった。矛盾があることには、あまり注意が向けられなかった。

メディアは、ソビエト当局の有能さを絶賛していた。彼らは、政治家や市民の非合理的な言動に惑わされず、強力な官僚制を用いて有効に解決を計り、専門家達はこれに力を貸したと見なされた。

もちろん、無知を重ねたために事故の原因となったソビエト当局こそ、非難されて然るべきである。だから、専門家達の間には、矛盾した反応があっても不思議ではなかろう。しかし、実は専門家達の立場はすでに決まっていたのだ。

フランスでは原子炉関係者が基本設計に無知であったり、施設の建設、管理に無知であったりする心配はない。有能で真面目なことは当然である。ただ、彼らは、危機において有効さを発揮したソビエト技術官僚の持つ、むき出しの権力を持ち合わせていない。ソビエトの技術者がフランスに来て、技術研修を積めば、既に彼らは有効な機構を持ち合わせているから、問題はすべて解決することになる。これが、フランスの専門家達の見解であった。もちろん、これはソビエト中央権力が弱体化し、その機構が消失するまでのことであった。

メディアは独自の分析を行なう代わりに、官製公報を再録するのにいそしんでおり、矛盾の存在を心配していなかった。フランスの原子力エネルギーの発展に不安を持つ人々は、政治、労働組合、法律などの制度がうまく機能していないことを感じていても、何をどのように変革すれば良いのか見当がつかなかった。彼らは、単に安心できることを望んだ。人々が、チェルノブイリから教訓として受け入れたのは、以下のようなことであった。

一、科学・技術が事故の原因ではない。

二、問題は官僚の間違った選択と、あまり有能でない下部機構の技術者にある。

三、有能で、大きな権力を持つ上部指導者の、素早く、適切な介入のおかげで、事故後の管理には、見るべきものがあった。
四、必要がある時には、才能を持った人達が有能さを発揮するということを示す、良い機会となった。
五、それは想像しうる最悪の事故であり、人的損失は三〇人であったと総括される。
六、このような結果で済んだのは、大衆が従順であり、専門家の指示に異論なく従ったからである。
また、設計の過失よりも、原発運転者の犯した過失が取り上げられ、これが事故の原因となったと評された。就業拒否（サボタージュ）は起こらず、人的過失が前面に出された。このことに、ソ連で変化が起こりつつあるのが感知された。今までは自由社会の重大事故の原因は人的過失に帰せられ、全体主義社会の重大事故の原因は就業拒否に帰せられるのが常であった。人的過失の結果は、初期の事故対策作業者の英雄主義、献身、機敏な判断（有能な首脳陣に指揮されたものであった）によって、大幅に救われたのである。この考えが、当初少なくとも科学界では大いに利用された。キエフのテレビで放映された事故関連のフィルム番組でも、このことが強調された。つまり、この機会に、労働の賛歌と真の男らしさが発揮されたのであり、スターリン時代の古い労働賛歌のペレストロイカ版なのであった。

事故後一カ月、フランス紙は被害の概要報告を行なった。一九八六年五月三十一日付の『ルモンド』紙は、次のように述べている。「三十余人の死者、七〇〇〇人の被曝者、一五万人以上の避難立ち退き者。チェルノブイリの被害は簡単に忘れることが出来ない」と。七〇〇〇人の被曝者に何が起きたのか、避難者が再び元の地に戻ることはないことは、この時点ではもちろん触れられていない。忘れることの出来ない事故と言うには、やや被害は軽度であろう。この被害状況ならば、大災害という言葉はふさわしいものではない。

一九八六年夏以降は、事故に関する記事もまばらになる。チェルノブイリの教訓を最終的に総括するものとして、国際原子力機関（フランス語略号AIEA。英語略号IAEAの方に馴染み深いが、以下フランス語略号に統一する。略号二一四ページ参照のこと）の原子力安全局局長M・ローゼンの一九八六年八月のウィーン会議での発言が、一九八六年八月二十八日付の『ルモンド』紙に掲載された。彼は「もし、このような事故が毎年起こるとしても、原子力エネルギーはやはり魅力を持つものである」と述べる。AIEAは、戦後国連から派生したもので、広島に端を発する楽観的見通しを基に、世界の原子力エネルギーを推進することを目的とする機関である。そのために、この機関が原子力問題につい発言するたびに、推進の役割を担うことは驚くにあたらない。

米国スリーマイル島原子力発電所の事故を思い出そう。事故発生後数日、危急の原子炉内部で検出された水素ガスがもし爆発したらどうなるかと、技術者が自問していた最中だと言うのに、『ルモンド』紙は「しくじり」なる標題の社説を載せている。社説担当者は、この原子炉事故をエネルギー技術につきものの伝統として位置づけ、「風車でも人身事故は起きた。しかし、原子力では事情が異なる。原子力は戦争と共に広島の試練から生まれたので、原子力の周囲には杞憂の心理が取り囲んでいる」と言う。一九四五年八月八日付の『ルモンド』紙が、広島原爆を何の呵責の念もなしに扱ったことは、既に述べた。スリーマイル島については、事故後十年、事故処理には未だほど遠く、専門家は原発の残骸を処理する場所すら捜すことができていない。スリーマイル島事故は、アメリカ人の言う「ミスハップニング」であったことを、人々は数年後になってやっと認めた。もう少しで、炉心の完全溶融に至っていたかも知れないと言うのに！　チェルノブイリも、当初、「また、やったか！」程度に思われていたのだ。

チェルノブイリ事故に戻ろう。原子力官僚の万全の管理の象徴であり、近づくことの出来ない場所である石棺に、記者達の目は長い間向けられていた。しかし、ソビエト当局にとっては、石棺のことはもう納まった話題であった。たとえ、外国人記者が立入禁止の場所に入り込んでも、危険が身に迫ることはない。しかし、記者達にとっては、これは危険なルポルタージュであった。ソビエト秘蔵の技術により、強い汚染地域で栽培された温室胡瓜を、外国人代表が試食をしている。ルイセンコ学説の大トマトの極寒地方の国にきて、やせ我慢の豪食している気分である。* 訪問者には、なかなかの体験である。住民のいなくなった地域では、健康上の問題があるとは思えなかった。その場所を「清掃」するために働いている作業者を見て、訪問者は立ち止まるが、彼らの労働条件は訪問者の好奇心を触発しない。彼らは医学的な検査を受けているのか？　長期管理はどうなっているのか？　どのような身分で働いているのか？　被曝量はどの程度なのか？　放射線防護の基準は設けられているか？　起こり得る内部被曝には対策がとられているのか？　記者達は誰もこうした彼らの境遇に興味を持っていない。

＊訳注　ルイセンコはソ連の生物学者。生物が後天的に獲得した形質も遺伝すると主張した。ソ連はこの理論に基づいて、寒冷地にも耐える植物を開発できるとして、寒冷地の開墾を進めたが、結局は失敗であった。このことが背後のたとえになっている。

最も深刻な問題は、チェルノブイリではなく、原子炉から数百キロメートルも離れた所であり、数千人の人々の健康に関するものであることをフランス紙が明らかにしたのは、一九九〇年、事故四周年のことであった。しかし、ソビエト紙はウクライナとベラルーシが警戒すべき状況にあることを、フランス紙よりもずっと以前から発表していた。現代社会では、情報は意図的な制限がなければ、短時間に世界を駆けめぐる。しかし、重要な情報には制限が付きものである。そのため、内容のない情報が、現代通信技術革新の恩恵に浴することになる。チェルノブイリ事故について、誤報を避けるためという名目で情報制限があったとしたら、それは問題をごまかそうとするソビエト当局の意図のためではなく、西側社会の検閲のためであった。モスクワニュースなどソビエトの記者達は、中央当局の意図にもかかわらず、情報の発表につとめたが、フランスの記者達は、これを再録したり、コメントしたりしなかった。それでも、初めはウクライナへの、更にベラルーシへの訪問者も少しずつ増加し、徐々にニュースは広がった。しかし、ロシア連邦共和国にまで、汚染が広がっていることには、情報専門家の注意は簡単には向けられなかった。

フランステレビ第一局の科学部長ミッシェル・シュバレの証言[5]は興味深い。チェルノブイリ事故が記者の不意をつき、記者達が入ってくる情報に対応し切れなかった様子を、彼は次のように述べている。「電話回線が全部詰まっており、責任者に連絡を取ることもできなかった。その時、居合わせた者のうちの一人が前に進み出て、フランス原子力安全防護研究所（ＩＰＳＮ）の所長フランソワ・コニェは自分であると私に名乗り出た。彼と私は、情報を組み上げるために共同作業を始めた。チェルノブイリに関して、私達はべったり数日間、続けて作業した」と。ＩＰＳＮは、フランス原子力委員会（ＣＥＡ）の下部機関である。こうして、フランステレビ局がチェルノブイリに関係して流したすべての情報は、フランス権威筋によって目を通され、制御されたものであったことを、テレビ局の科学部長自身が明らかにしたのだ。同じことが数年後、湾岸戦争の時にも起こった。戦争について放映されたすべての情報は、軍部からのものであり、記者達の役割は、彼らを雇った会社のスタイルに準じて、通信文を書き換えることのみとなった。* 記者の活動に対して批判がおき、記者のうちには、ついに、このような報道制限に抗議の声をあげるものも出た。しかし、チェルノブイリに関して、ほとんどの記者は自発的に、公的権威者に従う姿勢を取った。

＊訳注　湾岸戦争の時には、日本で、同じ映像が繰り返し放映されたことを訳者は思い出す。フランスでも事情は同じだったのだ。アメリカは湾岸戦争に関して世界のメディアを支配し制した。これはベト

ナム戦争からの教訓であろうか？

フランスの原子力推進の担当責任者は、以前から情報問題に関心を寄せている。ＣＥＡ代表、軍相を歴任したアンドレ・ジロー産業相は、一九七九年十月十五日科学アカデミーの席上、「原子力に関する心配事――情報」という表題で発言している。彼が「良い方法」とするのは、「責任者自身が、望む時に必要な情報を与える」ことであり、「一般大衆に与える情報については、やや操作され、方向付けられた資料に基づいて、非専門家である大衆自身が、自ら判断することが重要である」と言う。また、「原子力問題については感情的な反応と、非合理的な怖気が支配的であり、問題は難しく、複雑である」と述べる。担当責任者と新聞記者は、「良い方法」を自然に見つけ出した。原子力事故の管理責任者にとっては、事故の重大さは客観的事実ではなく、マスメディアによって決定されるものなのである。多くの研究がこの問題を扱い、知識伝達、大衆心理の社会科学研究の成果報告がなされている。

ソ連と東欧諸国で、環境の化学汚染が考えられない程高い水準に以前から達していたことが、西側で報道され始めたが、それは奇妙なことに、チェルノブイリ災害以後のことである。化学汚染は、チェルノブイリの悲惨な結果を隠し、あるいは、相対化させる効果がある。劇的な環境破壊の状況は、映像として目に訴える。これに対して、放射能汚染は不特定の人に、十年から三十年後、癌を誘発するのであるが、これは目に訴えるものではない。一九八六年以前にも、広範な環境破壊が起こっているのに、これが情報専門家の注意を引かなかったのは、いったい何故なのか？　西側の多数の記者が、ソ連と東欧諸国を旅行したと言うのに！　深刻な環境破壊を修復するためには、莫大で、未だに存在しない技術手段が必要である。ソビエト原子力産業の管理の悪さは、たまたま起こったのではなく、当局が環境にずっと無関心であったことに原因があるのだ。チェルノブイリ以外にもいろいろあったのだ。この考えには、ソ連の中央および地方政府と、西側政府にとって共通の利益があり、彼等の共鳴が起こった。チェルノブイリ以降、西側のメディアは、ソ連で起きた以前からの環境破壊の目録を明らかにしようと注目を向けた。

一九五七年ウラルで起きたキチュトム（後にチェリアビンスクと変名）で起きていた災害を、メディアが発表したのはつい最近である。ソビエトの異端の生物学者メドベージェフが、『ウラルの原子核施設の災害について』という題名の本を、英国で最初に発表したのは一九七九年であった。彼は、手に入るあらゆる科学文献を分析し、災害が起きていたことを証拠付けた。その本は、フランス以外ではすぐ翻訳されたが、フランスで翻訳が出されたのは、一九八八年であった。フランス出版界で、キチュトム災害がやっと論じられた時にも、メドベージェフについては言及されず、インタビューもなかった。ロシアの責任者は、実際にそのようなことが起こっていたことを、記者会見の席上認めた。しかし、災害の証拠はずっと以前から存在していたのであるが……。結局の所、公に存在が認められた時に初めて、現実の存在は始まるのだ。

フランスの責任者は、チェルノブイリから学ぶものが多い。汚染地域で起こっていることは、計算機で行なわれるシミュレーションよりも教訓的である。指導者は、大衆を鎮静させるための試みと、その効果に興味を持っている。いつか将来、危機管理に直面するときの戦略の手本である。ソビエトの専門家は、安全に関して西側の専門家の緊急援助を求めたが、このことによって西側の専門家は必要とした戦略を充分に学ぶことができた。相互の助け合いである。安全を比較してみれば、西側の原子力産業には危険がないことがわかり、また、西側の有能な専門家がソビエトの産業を安全なものにするために行なう援助は、ソビエトの原子力を、人民の批判から守るために役立ったのである。

映像の舞台に上がったチェルノブイリ

チェルノブイリ災害の放映は、災害の現実から目を背け、これをごまかすことに役立ってしまった。フランスにも「チェルノブイリの子供達」がやってきた。本当のところ、彼らは誰なのか？どこから来たのか？　顔色はそんなに悪くない。汚染された生鮮食品から遠ざけられていた子供達は、フランスで新鮮なミルク、果実、自然食ビタミンを与えられて元気を取り戻し、放射線恐怖症からも快復するであろう。この放映を見ている人は、もう一度事故の戦慄を思い出し、それから希望と良心に目覚める。慈善団体は、原子力委員会を喜ばせるだろう。演出は国際製作である。灼熱地獄となった原子炉の上空で、放射性雲の中をヘリコプターで飛んだ英雄パイロットの一人は米国に運ばれた。彼は、急性白血病になったのだ[5]。移植されるべき骨髄は、フランスの小さな村から提供されることになった。急を要する。骨髄を運ぶための緊急輸送手段が講じられる。西側社会の人間愛は証明され、国際連帯は勝利した。しかし、数週間後、パイロットは死亡した。専門家達は骨髄移植を行なっても、成功のチャンスはないことを知っていたのだ。初めから成功は期待できなかったことを、ソビエトの専門家がウィーンの一九八六年八月の報告書の中で言及している。科学専門家によるこの演出は、マスメディア対策としてなされたのだ。

原子力災害の現実は、決して映像の舞台に上がることはない。放射性物質は広い地域に広がっている。人々は放射性物質を含む雲により、土壌への沈着物により被曝し、空気により、水により、食品により汚染される。まだ、妊娠しておらず、胚にさえなっていない者も、生まれた時には、空気により、水により、食品により汚染されるのだ。そして、汚染された人々は癌になって死んでゆく[7]。子供達は重症の精神障害を蒙るだろう[8]。遺伝負荷の増加は、今後の世代に流産や出生時の異常として出現するだろう。被曝を受けると、被曝者のうちの何人かは特別のやり方で殺されることになる。すなわち、後に、被害者は発癌して死ぬのだ。放射線被曝によって誘発される癌は、自然癌と全く同じ症状だから、これを見分けることはできない。放射線を受けると、被曝者の細胞には損傷が刻印され、長期の潜伏期間の後、発癌する。

地域の汚染は長期にわたり、人々を放射線にさらし続ける。この地域の人々を避難させれば、災害をくい止めることが出来るのは明らかである。しかし、汚染された地域は余りにも広く、ソビエト（あるいは、独立共和国）の国力にとって、余りにも高価につく。大規模な避難が行なわれるとなれば、西側の人々の平穏も著しく乱されるであろう。またしても、ソ連と西側の原子力諸国の利害は一致している。

癌は後年になって現われ、おまけに誰が発癌するかも分からないので、メディアはこのことに興味を持たない。災害はどこかと問われれば[9]、それは将来に起こる癌であると答えることになる。死者の概数を計算することはできる。しかし、将来のすべての世代に対する遺伝的障害を間違いなく見積り、試算するためには、信頼するべき基礎データがまだ余りにも少ない。専門家達の関心事は、住民自身が、住民の蒙る被害に気がついているかどうかである。住民が犯罪に気付く恐れがなければ、穏やかな、民主的な措置で十分であろう。住民がこれに気付いているならば、社会的な平穏を保障するために（犯罪者を暴き立てずに済ませることをも含めて）、もう少し厳しい措置が必要であろう。いずれにしても、死亡者の疫学・統計学は戦術的な話題であり、専門家以外に公開することはふさわしくない話題である。この点に関してあらゆる国の賛同を得るためには、国際条約が交わされる必要もないのだ。

チェルノブイリがドラマティックなのは映像の対象としてだけではない。キエフの一旅行業者キエフ・ツーリストは、ウクライナの汚染地区と死の町チェルノブイリを訪問し、死の石棺に思いを馳せる名目の旅行を企画した。旅行者は幽霊村となったチェルノブイリと、放射性廃棄物が埋蔵されているコパッチ村を横切り、七五ルーブルを支払う。旅程で受けた放射線量が、最後に各旅行者に知らされるという⑽。

それからもう一つ。有名なデザイナーのピエール・カルダンが白金、金、銀、ブロンズのメダルを「ユネスコ―チェルノブイリ」の企画として、少数だけ予約制で売り出すことになった。一九九一年二月二日、パリのカルダン広場で、氏は、チェルノブイリ援助に対する貢献によって、ユネスコ総支配人からユネスコ名誉大使の称号を授かった。

チェルノブイリの影響――放射線による罹病率の増加

高線量放射線被曝の及ぼす生物学的影響についてはほとんど論争がない。高線量被曝の影響は決定的であり、すなわち、しきい値以上の被曝により急性症状が現われ、この現われかたに個人差がない（専門用語については用語解説一九九ページを参照してほしい――訳者）。

低線量放射線被曝の及ぼす生物学的影響についても、ある種のものについては国際専門家が公式にこれを認めている。これは急性症状ではなく、いろいろな晩発障害となって現われる。後年の発癌や、子孫の遺伝障害などである。この影響は確率的であり、すなわち、影響が現われる人も現われない人もおり、誰に影響が出るのか予想することも不可能である。被曝量が癌の重篤度を決めるのではない。致死癌を問題にしているのだから。しかし、発癌の頻度は被曝量にしたがって増加する。

ある専門家は、低線量被曝にもしきい値があり、それ以下の被曝では影響はないと主張している。原子力産業ではこの立場を取ることがしばしばであり、安全規則を遵守すれば、労働者と一般人の被曝量をこのしきい値以下に保つことができると主張する。健康管理は、原子力産業に働く技術者の個人問題であるとするのである。原子力産業周辺の専門家にあっては、しきい値の考えの陰の賛成者が多いのは不思議ではない。ある専門家に至っては、しきい値以内の被曝は健康に良く、癌にかかり難くなるとさえ言っている。先年来、「ホルメシス」という用語となり、この説が流行している。*

*訳注　ある種の慢性病などでは、これに対する薬の濃度を極めて薄くしても、濃い濃度の時と同じ反応が現われたり、ある種の有害化学物質も極めて濃度が薄ければ、逆に体の活性化に役立つことがあるという人体のホルモン分泌に関した説があり、フランスでこれを実施している人を見受けた。医学的には確立されておらず、心理効果もあろう。しかし、放射線被曝では、染色体のDNAレベルの傷害が起こるので、類似した効果はあり得ない。このような混同に基づいて、低線量被曝が一般的な健康増進に役立つというのはデマである。

低線量被曝の発癌に対する影響は微妙であり、詳しい低線量被曝者データを、多数の非被曝者データと比較・処理しなければ、統計学的に信用できるものとはならない。このことが、しきい値の存在を仮定する拠り所なのである。全く同じ理由によって、しきい値の存在を積極的に証明するためにも、詳しい研究が必要になるのであるが、不思議なことに、このことは考慮されることが少ない。妊婦のX線診断による胎児の被曝量と、生後の小児癌の発生についての詳しい研究では、両者の強い相関が存在し、しきい値の存在を否定する結果が得られている。(11)ところが、放射線防護の公式専門委員会では、この研究結果に批判的である。そのことに関する論争が行なわれたが、結果は不透明のものに終わっている。この研究に対する批判が、学術的立場で、科学的に行なわれたものではなかったからである。原子力エネルギーを許容し、これに経済投資を続ける立場に立つと、この研究を客観的にながめる余地はなかったということが原因なのである。

晩発効果としての癌死亡に関してはしきい値は存在せず、低線量被曝でもその量に応じて癌死亡が発生するということは、最近、国際放射線防護委員会（CIPR、英語略ICRP。略号一二三ページ参照）など公的機関によってはっきりと認められるものとなった（このことについては第二章中の「許容線量基準の策定に向けて」〔一〇六ページ〕の項に詳述されている――訳注）。しきい値の仮定はもはや公的には姿を現わさなくなったが、それでもメディアで専門家がこのことについて触れることもある。世界のうちで最も原子力国家であるフランスで、しきい値の存在の陰の擁護者が医学専門家に多くいる一方、また、低線量被曝と癌発生に関する疫学研究が非常に少ないのは、偶然のことであろうか？

放射線被曝による発癌効果の第二の論争は、多数の人が一定量の被曝をしたとき、何件の癌死亡が発生するかという問題である。これは癌死亡のリスク定数（用語解説二〇一ページ参照）と呼ばれている数である。このことに関して最も信頼されている公式研究は、一九四五年の日本の原爆で被曝し、生き残った者の死亡原因に関する調査研究である。この研究による癌のリスク定数は、大きな値ではなかった。他方、ハンフォード（米国）の原子核工場の労働者についての一九七七年以降の研究では、リスク定数はずっと大きくなっている。しかし、この研究も、またしても無視され続けている。原爆被曝残存者に関する公式研究は、一九八〇年以降、いくつもの変更がなされた[12]。研究データに再検討を加えて、より長期にわたる死亡者データを加えた結果、以前に比べて十四倍大きな癌死亡リスク定数が最終的に算出された。このような数値を放射線防護のために採用するならば、原子力産業にとっては極めて大きな足かせとなろう。国際放射線防護委員会の専門家は、科学的根拠には基づかずに、産業界の納得のゆく限界内にリスク定数を抑えようとした[13]。しかし、リスク定数を大きく評価する必然には抗し難く、従来用いられてきた一九七七年の放射線による癌死亡リスク定数に比べて、CIPRはこの四倍の値を一九九〇年に採用したのである。

低線量放射線の被曝は癌以外の病気による死亡を起こすことはなく、他の病気の罹病率にも関係はないと通常考えられている。しかし、英国の疫学者アリス・スチュワートは、一九八〇年当初に入手した日本の原爆被曝残存者のデータを検討し[14]、強い放射線被曝により、感染症による死亡が増加していることを見つけた[15]。このことは、それまで全く考えられていないものだった。この研究結果をもとに考えると、しきい値以上の大量被曝を受けると、免疫系が障害を受け、感染症に対する抵抗力がなくなり、その結果死亡すると考えられる。骨髄被曝によって、身体の免疫系が弱ることが原因になるのである。そうであれば、低線量被曝の場合でも、死亡には至らない感染症の増大が起こったとしても不思議ではあるまい。このことについて、日本の原爆被曝残存者の研究を参照することはできない。この研究では、死亡に至らない罹病率は考慮されておらず、データがないからである。また、日本の原爆被曝残存者の研究は、一九五〇年に開始されたものであることにも注意しなければならない。広島と長崎の原爆以来この年まで、すなわち、一九四五年から一九五〇年に至る早期の被曝効果は考慮の対象になっていないのである。しかし、日本の原爆被曝残存者の研究に対するスチュワートの問題提起も、諸国際委員会が公式に認めるものとはなっていない。

以上をまとめると、原子力災害の影響は、大量被曝を受けた限られた人数の短期間の死亡と、死亡統計にのみ現われる晩発の癌死亡の増大の二つに限られると、一般には予測されていた。

チェルノブイリは、この予測を完全に覆すものとなった。住民はすぐに異常な状況に気付き始めた。先ず、動物の奇形出産が激増した。次に、人々にも異常が現われた。チェルノブイリからかなり離れたベラルーシとウクライナの汚染地域で、事故後三年目に、子供の甲状腺異常、感染症、血液病などの罹病率が、伝染病のように高くなっていることが見つかったのである。これは顕著であったので、住民は専門家の手をかりずに、この異常について報告した。地域の放射能汚染の結果、住民の健康状態に障害が現われていることを隠すことは、もはや出来なくなった。住民は大衆示威行為によって、直接に発言した。これに応えて、ベラルーシとウクライナの科学者は相当思い切って急進的な対応をした。これは、通常の科学畑に横行している順応主義、奴隷根性とは大いに異なるものであった。

政府は、一九八六年当初の避難だけではなく、さらに大規模な避難を新たに講じなければならなくなった。放射性降下物によって直接に影響を受けた人々が予期に反して大量に現われたので、事故後の管理問題は特にデリケートなものとなった。癌以外の病気の罹病率の増加が起こり、死亡者も現われているという新しい事態は、どのように説明されるのか？　次の仮定が今後検討されなくてはならないであろう。

一、チェルノブイリ事故は、多数の住民が数十種の混合した放射性元素によって、内部被曝を受けた最初の経験である。住民は外部被曝に加えて、経口摂取、吸入により放射性元素を体内摂取し、これにより内部被曝を受けている。内部被曝によって、外部被曝の場合とは異なった、罹病率増加の効果が現われるという仮定。

二、日本の原爆被曝残存者の調査結果では、放射線被曝の効果は急性障害と晩発の癌死亡者だけに限られると結論しているが、スチュワートが指摘するように、放射線被曝によって感染症による死亡、および、いろいろの病気の罹病率増加を生むという仮定。

三、日本の原爆被曝残存者の調査研究では、原爆以来、調査開始まで五年間のブランクがあった。この間に罹病率の増加などの障害が発現していたのだが、この研究結果では、これが欠落しているという仮定。

放射線恐怖症——事故後の状況を経済管理するための方策

放射能汚染地域で起きた異常な罹病率増加は、「放射線恐怖症状」だと解釈された。ロジャー・カンはフランスの医師と一緒にキエフを旅行した後、一九八八年五月二十二日付の『ルモンド』紙に次のように書く。「患者に名札をつけ、赤血球、白血球、血小板の数を数えるだけでは満足できなかった。恐怖症に陥り、腸の傷みを訴え[16]、夜は悪夢にうなされ、ソ連の新しい症状である放射線恐怖症を患い、不安のあまり体の調子を悪くした人々の治療のための努力がなされていた。不安におびえる人々は精神療法サービスを受け、薬草風呂に入り、甘い音楽を聞き、香水の香りの中で映画が上映されていた」。患者に名札をつけて、旧式な治療しかできないことに、患者が怒り出さないよう、「やさしい」精神療法が試みられたのだ。

ソ連の科学者ドミトリ・ポポフは、日刊『社会主義産業』紙に「その地方の住民には、精神療養以外何も必要はない[17]」と総括している。

放射線恐怖症の症状は次のようなものである。

・肺の感染症の増加が公式に認められている。この原因は、住民がX線診断を受けたがらず、このために結核が増加したのであるという。

・口腔癌の増加が公式に認められている。この原因は、虫歯であるという。しかし、奇妙なことに、虫歯が増加しているとは述べられていない。それに、口腔癌と虫歯の関係など、古今東西、聞いたことがない。

・甲状腺感染が公式に認められている。この原因は沃素恐怖のために、医師が甲状腺に神経質になり過ぎているからであるという。

・貧血や他の感染症が公式に認められている。その原因は、住民が放射線恐怖症になって、果実と野菜を食べなくなったため、ビタミン不足に陥ったからだという。代わりの食品が供されたかどうかは不明である。

放射線恐怖症を持ち出してきたのは、ソ連政府の援助にやってきた国際専門家達であった。アメリカの原子力産業専門誌の『週刊ニュークレオニクス』一九九〇年二月一日号には、赤十字社と赤三日月社による健康状況視察のために十日間の旅行をしたヴュルツブルグ大学のアルフレッド・ケルラー教授の談話が載っている。彼は次のように述べる。「一九八六年四月のチェルノブイリ原子力発電所事故により汚染された、ウクライナ、ベラルーシ、ロシア連邦の住民に持ち上がっている健康問題で、直接被曝に結びつくものはない。住民だけでなく、多くの権威者も、残念ながら医師までもが、健康状態の悪化について間違った考えを持っている。これは予想もしなかったことである。彼らは、健康状態の異常は、すべて放射線被曝の影響であると考えている」と。政府があまりにも大きな保護措置を取ったので、住民は、健康の危険が本当に存在すると信じこんでしまったのであると、彼は続ける。彼は、ソ連政府が大規模な措置をとったことを非難さえしている。汚染地域で罹病率が高くなっているという最初の徴候は、ソビエト当局によって簡単に否定されてしまった。その後、健康問題が現実に起きていることを認めざるを得なくなったのだが、その原因は放射線恐怖症であり、それはストレスから派生しているのだとされたのである。しかし、ベラルーシとウクライナの住民が放射線恐怖症にかかっているとするならば、疫学による証明が必要となろう。もちろん、そのような論文はない。専門家が思えば、それが証拠なのである。

ソビエト専門家は放射線恐怖症の考えを大いに利用したが、これを自ら表明することには用心深かった。彼らは、放射線被曝が健康問題の原因なのだという可能性を時として認めている[18]。国際原子力機関（AIEA）も分別を示し、現地に派遣された専門家は「ソビエト当局が放射線恐怖症という用語をあまり頻発すると、当局は信用問題に直面せざるを得なくなるであろう[19]」と述べている。AIEAは、最初の戦略に戻り、罹病率異常をすべて否定する策を好ましいとしているようだ。

ソビエト当局が住民の健康保護の視点を基準として、事故後の状況管理を行なっていたら、困難は予想もつかないものであったろう。実際には、社会、経済の視点が重視されるのだが、これをあまり前面に出すのは、災害の結果を堪え忍ばねばならない住民の手前困難であり、結局責任は管理責任者に集中する。赤十字、赤三日月、AIEA、世界保健機関（OMS、英語略号WHO。略号一一三ページ参照）の専門家達は、住民の健康重視の視点から決定がなされたと信じこませようとし、問題をカモフラージュする上で、ソビエト当局を助けた。しかし、ウクライナとベラルーシの住民はこれに騙されず、ソビエト当局と通じあっている西側専門家に抗議した。ウクライナの代議士であり、科学者でもあるユーリ・シチェルバクは西側専門家の干渉に対して、次のように述べる。「彼らは派閥主義の立場をとっているように、私には思える。マフィアまがいに何でも勝手なことを口にしている。楽観的な立場をいまだに続けているフランス人達が、怖がり始めるのが心配なのであろう。ペルラン教授は、問題の地域で医者の数を増やすための援助をしようと、我々に提案した。ひもつきでない医者ならば歓迎だが、原子力関係で働いて生計を立てている医者ならば、ごめんこうむりたい」と。この文章は、一九九〇年二月二十七日付でキエフで発表されている。

シチェルバクが、反論の的を絞ったのが、フランス人ピエール・ペルランであるのは、偶然ではない。彼は、フランス保健省所属の放射線防護中央局（SCPRI）の局長であり、「原子力施設で過度の防護措置を講ずるのは、関係者の不安を不当にかき立てるので望ましくない[20]」と発言した人物である。また、彼は、食品の放射線汚染の基準に関するヨーロッパ共同体の勧告を、フランスに適用するのを拒否した人物でもある[21]。彼は、SCPRI局長としてではなく、世界保健機関（OMS）の専門家としてより中立を装って[22]、ベラルーシにおける避難措置について、きわめて問題のある発言を行なう[23]。著者達は、このことに強く抗議するのであるが、そのことについては後に触れよう。

OMS専門家が原子力エネルギー専門家の注意を、精神衛生の問題に引きつけようとするのは、一九五八年以来のことである[24]。

国際的な企み

著者達は、チェルノブイリ事故の直後、一九八六年五月一日に次のような文章(25)を書いている。

「この大災害の被害者数の評価を最大限に減らすために、後日専門家達の国際的企みが行なわれるであろう。この企みのためには、あらゆる国のイデオロギー、経済の論争を越えて、暗黙の共犯が行なわれよう。原則としてどの国家からも独立しているはずの保健に関する国際諸機関は、実際には大国の支配のままになっており、見かけの客観性と中立性を装いながら、大国介入の先兵となろう。この事故はたいしたものではなかったと彼等は結論するであろうが、そうなれば、一体今までの大騒ぎは何だったということになる。彼等はソ連の責任者が彼等を充分信用していなかったと責めよう。ソ連の責任者は、キチュトム災害の時と同じように、完全沈黙を行ない、すべての情報の凍結を謀ることもできた筈であるとして、西側の専門家がソ連の専門家を責めることも後に起こるかもしれない」と。

だから、後日、専門家達が行なったことを見ても、著者達は驚かなかった。

チェルノブイリ事故において、ソ連と西側の政府の間には同盟が自然発生する地盤が存在していたのだ。原子力産業は大家族に似ている。誰か一人が攻撃を受ければ、大家族全体が危険に晒されるから、無条件で全援軍を投入せねばならないのだ。

事故が大規模なのは、初めから明白であった。災害管理担当の科学者は、はっきりした理由に基づいて、たった数時間のうちに一三万五〇〇〇人に及ぶ人々を、帰るあてもなく、持ち物をその場に残したまま、緊急避難させたのだ。この最初の措置は事故の重大さを物語り、原子力産業の推進者が言うのとは反対に、大災害が起こったことの明白な証拠となった。実際には、汚染は初期の措置で考えられた半径三〇キロメートルの区域よりもずっと広範なものであった。ベラルーシでは、チェルノブイリから二〇〇キロメートルも離れた区域が強く汚染されていたのだ。

長期間にわたり、専門家達は情報の製作者とは言わぬまでも、その独占者であり、供給者であった。彼らは大災害を否定し、死者を三〇人に限定しようとつとめた。しかし、大規模な人々の避難をごまかすことは不可能であり、人々が再びその地に帰ることが出来ないのは、土壌の除染作業が完全に失敗したことの明白な証であった。

事態が極めて重大なのは明らかである。それにもかかわらず、専門家達が事故の影響は小さいと主張し続けるのは何故であろうか？　専門家達は、いったい科学的な精神を持ち合わせていないのであろうか？

歴史的に見て、原子力の平和利用は核兵器からの転用であることは明らかである。核兵器技術は、きわめて特殊で、他におよそ類似物のない原理で作動するので、このための技術はすべて一から開発する必要があった。これは極めて高価のものであった。東西冷戦の緊迫とともに、この核兵器技術をますます先鋭化させ、量的に拡大する必要があった。核物質生産の用途を広め、その技術基盤を経済的にも採算のとれるものにすることは米ソ二大国にとって魅力があった。民間からの、核技術開放を求める要求もあった。このような動向から、政治と経済が極めて強く融合した原子力平和産業がスタートした。この事情は、異なるイデオロギーを持つ米ソ両国においても同じであった。

ところで、原子力を利用すれば、人類にとって極めて有害な放射線と放射性廃棄物が必ず量産される。原子力平和産業が産業として成立するためには、事故時においても放射線と放射性廃棄物が環境に放出されてはならない。もし放出されても、放出されていないと言い張る必要がある。原子力発電が、原則的に人類の健康に悪影響を及ぼす可能性は、切り捨てる必要がある。専門家、科学者の役割はここにあるのだ。我々は既に専門家がこの間、どのような役割を担ってきたかについて論じてきた。国家の方針を認めて、産業構造を支持することが、現今の層としての科学者の役割なのである。科学者が科学精神に基づいて個人として振舞うことは例外的であり、期待されていないのだ。

原子力エネルギー利用を行なうすべての国は、事故時に各国が異なる行為や措置を行なう危険を察知している。このことに対処するべく、一九八七年には原子力核従事事業者の連合組織が結成された。世界核従事事業者連合（WANO）は、原子力発電国三一カ国の原子力関連団体の代表である。この同盟に加盟する団体は、加盟施設内のすべての異常についての詳細を、国際情報網を通じてすぐ連絡する。米国では、一九七九年三月のスリーマイル島原発事故対策として、アメリカの原子力関係団体によって作られた原子力事業機関（INPO）がある。WANOはこのINPOをモデルにして作られたものである。WANOは、パリ、東京、アトランタ、モスクワに支局を開局し、ロンドン局が中央局の役割を持つ。こうして、空中に時ならぬ放射線放出があれば、すべての原子力組織は即時にこれを知らされ、マスメディア対策を講じることができる。そして、一九八六年の場合のように、情報が地滑りを起こして拡散するのを防ごうとしている。(25) 原子力関連団体はこの同盟機構にすっかり頼っているといえよう。

ソ連における災害管理

食料の窮乏

現在、ウクライナ、ベラルーシ、ロシアのブリアンスク地区で、人々の健康状態は危機的である。人々の健康に焦点を合わせれば、数十万人の緊急避難が必要となろう。しかし、これを行なうためには、財政が逼迫し、経済は破綻しているのだ。避難を行なうにも、住居はどうするのか？　汚染された土地で、非汚染食品を生産できるのか？　汚染された土地での耕作を放棄するなら、食料不足をどうして補うのか？　このような状況で事態を管理するとは？　ソ連官僚は汚染地区の広がりをカモフラージュして、ソ連全体にそれを拡大する道を選択した。* そうしても、事故による癌死亡者予測数の合計は変わらないのであるが、癌の過剰死亡者数について実際に評価を下すことは、膨大な統計処理に紛れて、困難となる。これは、事故被害の公平な分担というものであろうか？　ソ連全体に食料が窮乏していることが、政府の問題解決を有利に導いている。食料確保に窮している人達にとって、口を糊することができれば、その質については過度の要求はしないのである。

＊訳注　第二章六六ページおよび注（39）に、ソ連政府は汚染牛乳を処分する代わりに、汚染地区から遠隔地へ輸送し、そこで普通食として供給していた疑いとその根拠を述べている。このような処置の結果、汚染地区で起こったはずの健康障害の一部分が遠隔地に転移することになる。しかし汚染中の放射性物質総量は一定であり、したがってこれを食べたことによって起こる癌死亡者総数は一定のはずである。これが過剰の癌として、自然発生の癌に加わることになる。この過剰癌が特定地域に限定して起これば、簡単に異常事態に気付くが、広い地域で散発的に起これば自然癌にまぎれて気付かれ難いものとなる。放射能汚染の被害を希薄に広い層に分担させることになる。

フランス式解決法

チェルノブイリ事故後も、ソ連では他の原発に事故が続発した。人々は自分の地域に新しく原発を立地建設することに反対した。地域住人が故意に沈黙を始めたとき、フランス式の解決法は金をばらまくことである。フランス電力公社（ＥＤＦ）はこの方法を大いに利用した。

ソ連でも、新しい原発建設においては、建設費の一〇％をその周囲三〇キロメートルの地域の社会プロジェクトのために投資せねばならないと、原子力産業省が一九九一年一月に決めた。社会プロジェクトの内訳は、原発労働者に対して、暖房、上下水道の完備した住宅の供給、小学生とそれ以下の年令の子供に対する保養所の建設、住民に対する診療センターの建設などである。また、一九九一年一月から、原発周辺三〇キロメートルの地区の住民に、家庭用電気料を五〇％割り引くことも決定された。

諸共和国の独立が災害管理に与えた影響(27)

ソ連中央政府が存在していたときは、地方責任者は住民に接するにあたり、急進的で非妥協的に振舞い、中央政府に事態を復旧するように迫ることもできた。諸共和国の独立以来、諸共和国地方政府は独力で問題の解決を計らなければならなくなった。解決不能な諸問題が一度に沸き上がり、事態は困難を極めている。まともな避難措置を行なうにも、ウクライナ共和国とベラルーシ共和国の財政では全く不足である。新しく誕生したロシア政府は、ソビエト政府の負うべき責任を履行する意図がないのは明瞭である。ウクライナ共和国議会はチェルノブイリのすべての原発を一九九三年には永久停止することを決めた。このような決定は、民衆の要求を反映してなされたと解釈されねばならない。しかしこのための財政措置は講じられておらず、代替えの電力源に関する対策も講じられていない。原発の停止、解体は労力と財源を要求するものであり、また、原発解体に伴う廃棄物の保管などの新たな保健問題も生じよう。期限内に原発が停止することは希望に過ぎない。チェルノブイリ原発の稼働停止の決定がその後どの様に展開するかは後に述べよう。

ウクライナの国家主義派は、独立をかち取るために緑の党などのエコロジー運動との連携を組んだ。エコロジー運動が、生まれたばかりの独立政権に組み入れられたことによって、本来の立脚点を希薄にするのではないかと危惧する。エコロジー原理が、経済社会的な立場の事故管理の現実主義と妥協して、政治に介入した動機である個人の保護を犠牲にする危険がある。

絶対的権力を持っていた中央政府からやっと開放され、手にした独立国家が、共和国国民の健康保護に対する最低限の要求を、今度は自分で踏みにじるとすれば、これは皮肉で、痛ましい事実である。

チェルノブイリはよそで起こったことだ

チェルノブイリ原子力発電所は典型的なソ連型であった

フランスの専門家たちはチェルノブイリ原子力発電所とフランスの原子力発電所との混同を避けようと全力を尽くした。ソビエト型の原子炉（ＲＢＭＫ）は、ある条件下では動作が不安定になる。これに対して、フランスの原子炉（ＰＷＲ）は本来安定であると言うのである。スーパーフェニックス原子炉が、爆発に至るような不安定動作をすることには一言も触れられなかった。ＰＷＲ型原子炉も、ある条件下で不均一が生じたときには、不安定動作をすることも無視された(28)。チェルノブイリ原子力発電所では、原子炉の格納容器が存在しないことが強調された。しかし、現在でもフランスで稼働しているグラファイト-気体型の古い原子炉には、格納容器がないことについて触れられなかった。また、PWR型原子炉の格納容器は、炉心溶融の場合に起こり得る水素爆発には耐えられるのだろうか？　格納容器の堅牢性の証明には、数学モデルを信用して欲しいというだけではないのか？　また、原子炉の床についての堅牢性の保証もない。炉心溶融の場合には、溶融したマグマはセメントの舗石をうがち、地下水にまで達し、蒸気大爆発を起こすこともありうるのだ（これが、いわゆるチャイナシンドロームである）。

ソビエトの官僚責任者たち

ソビエト官僚の責任のみを問うことは、高い地位にあるソビエトの科学者をかばうことになる。高名なソビエトの科学者たちは素晴らしい原子力発電の設計者なのであるが、この設計を実現したのが官僚所属の無能な者たちであったとする考えである。

一方、フランスではもちろん、科学者は自由である。彼らは権力者からは離れている。彼らの倫理観が我々の安全を保障してくれる。しかし、このような期待は甘過ぎるのではなかろうか？　多くの科学者は権力者と接すると、どんなことでも「異議なし」になってしまうことを忘れるわけにはいかない。科学者の生活している実験室での日常は、経歴主義がはびこり、産業（および軍）とのうま味の多い共同研究契約、メディアの活用などに左右されているという現実を無視してはならない。階級社会には、技術畑のものであろうが行政畑のものであろうが、階級社会特有の面倒な論理とこの階級社会から落伍し逸脱することに対する恐怖があり、これが本来の管理と矛盾する。フランス電力公社（ＥＤＦ）や大きな組織では、特にこの傾向が強い。階級社会で気に入られることは、技術者の生き延びる条件なのだ。ＥＤＦの原子力安全監視主任は、安全のためには、首脳陣の間に「安全文化」が育まれる必要があることを訴えている。[29] しかしこれは、残念ながらキロワット時を稼ぐ論理や、傷がつかない経歴とは両立しないのだ。

ソビエトの官僚主義にすべての責任を求めることは、チェルノブイリを逆のやり方で利用することになる。フランスで同じような大事故が起こったとき、真の責任者に盾を準備しておくこととなるからだ。

ビデオゲームによる将来の矮小化

重大事故に対して、確率、小さな確率、非常に小さな確率という言葉がたびたび用いられる。重大事故といえば、確率計算の出番である。[30]

だが確率計算の価値とはなんであろうか？　フランスの三人の安全責任者、フランス原子力安全防護研究所（ＩＰＳＮ）所長Ｆ・コニェ、同研究所の安全解析部長Ｊ・ビュサック、その補佐Ｊ・ペルセの言を引用しよう。「事故が起こり難いものであればあるだけ、その確率の誤差が増大し、その計算自身あまり意味を持たないものとなる。（中略）重大事故を考えるには、フランスでは確率計算は信用がおけないとの考えで合意が得られている。極めて小さな確率値の評価には充分な科学的根拠がないと考える。我々はその代わりに、技術者のセンスで判定して、想定のできる事故という言葉を用いたいと考える」と。[31] これは一九八六年二月に書かれたものである。専門家が重大事故の頻度計算を行なう。この計算には科学的な価値はないのであるが、しかし、目安としては考慮される。もしその確率がきわめて小さいならば、これに対処する装置を装備するのは止め（犯罪的である）、その事故が起こったときには究極処置で対応することになる。もし、U1からU4までの初めの究極処置が失敗したならば、最後の究極処置U5が取られることとなる。* 究極処置U5というのは「原子炉の内部圧力が危険に上昇した場合、単純に濾過系を通して容器の圧力を下げる」ものである。[31] この装置は単純で（発案者自身がそのように言う）、金がかからないが、その有効性は全く不明であり（民衆に与える心理的効果以外は）、フランス以外では採用されていない方法である。究極処置は自動的に働くものではなく、いくつもの機関の許可を必要とする。決断は急がねばならぬ。「蒸気爆発または水素爆発に続いて起こるa型とg型の容器破損」など、確率は極めて低いが想定はできる事故など、急速に進行する大災害が起これば、これらの処置はいずれも有効な対策とはならない。[31]

ＥＤＦの原子力安全監視主任ピエール・タンギは次のように述べている。「我々は重大事故の予防のためにすべてのことをしている。我々は事故のないことを切望しているが、事故がないと保証することはできない。十年か二十年のうちに、我々の設備で原子力事故が発生しないと断言することはできない」[32]。しかし、監視官は重大事故の詳細については、この講演では何も述べていないのだが……。

＊訳注　フランス原子力公社（ＥＤＦ）と、フランスの放射線安全責任者は重大事故の場合を想定して対策措置を定めている。

冷却剤喪失により原子炉の炉心がむき出しになるような重大事態に対してＨ１からＨ５までの五項目の対策処置が講じられている。

それにもかかわらず炉心がむき出しになり、炉心溶融が起こり、放射性物質の一部あるいは相当部が外部に漏れ出す最高重大事態を完全に防ぎ切れるとは保障できない。このためにＵ１からＵ５までの究極処置が講じられている。Ｕ１は炉心溶融の進行を押さえようとし、Ｕ２からＵ５は放射性物質の漏出を押さえようとするものである。このうちの最後の究極処置Ｕ５は原子炉の危険な内部圧力の高まりを濾過系の砂を通して外部に逃がそうとし、合わせて濾過系で放射性物質の漏出を軽減しようとするものであるが、これは効果が疑わしく、切札とはならないばかりか、放射能を圧力容器内に閉じ込めておこうとする原則に矛盾した処置でもある。

確率といえば起こり得る事象を対象にする。起こり得ないことは確率の対象外である。確率計算では、予期できる事象のみが計算できるのであり、予期しないことはもちろん除外される。原子力安全の専門家は、大災害に至るあらゆる事象のプロセス全部を考察して計算に取り入れているといえるだろうか？　ピエール・タンギは続けて言う。「一つの事故のシナリオにさらにある要因が加わることを想定すれば、さらにひどいシナリオを必ず想定することが出来る」と。であれば、事故のプロセスは無限にあると言わねばならない。だから確率計算は無意味なのだ。確率計算の安全とは、呪文を唱えるようなものに過ぎない。

確率計算はゲームの理論に由来するものである。* 原子力事故の重大さ、将来の世代への悪影響を考える時、良いことが起こる確率もあるが、悪いことが起こらないとも言えないという、当たり前のことを述べるゲームの理論を当てはめるのは、モラルを欠くものである。確率計算はゲームの精神を持っており、好運を射止めようとする賭博師の精神を持っている。

＊訳注　サイコロやカードゲームの確率論を初めたのはパスカル、ド・モアブル、ベルヌーイ等である。

第二章　チェルノブイリ原子力発電所大災害の記録

一九八六年以前——フランス専門家の見たソ連の原子力産業

西側の原子力産業の推進者たちが、各国の原子力技術の信頼性を吹聴していたとき、ソ連の原子力を例外とするようなことはなかった。ソ連の原子力の技術水準やその質、原子力発電所の管理について特別な批判はなかった。ソ連における原子力産業の開発は、欧米とりわけフランスにとってよいモデルであった。ソ連では、経済、権力が集中していたので、要所を得た決定がなされた。一方、アメリカの原子力産業は経済性の理由で、強い揺さぶりをかけられていた。その時に起こった（一九七九年の）スリーマイル島の事故は、アメリカの原子力産業に決定的な打撃を与えた。しかし、この反動はフランスではほとんどなく、ソ連では皆無であった。

欧米の専門家には、原子力産業以外のエネルギー選択を求める声の起きないソビエトの平静さがうらやましかった。フランスではメディアの独立性は弱いにもかかわらず、これが大きなブレーキとして働いていると見なされていた。フランス原子力委員会（CEA）のある専門家が放射性物質の輸送のための梱包の概念、設計と試作の国際セミナー（AIEA、ウィーン、一九七六年八月二十三―二十七日）に出席し、円卓会議に参加した後、その報告書（一九七七年九月十七日）に次のように記している。「〈ソ連では大衆の反応はどのようか?〉という質問に対して、ソ連の専門家は〈ソ連では世論の問題はないし、大衆は科学者の意見をよく傾聴する。ロシアの記者は毎日センセーショナルな話題を供給しようなどとは試みていない〉と答えた」と。

一九七六年八月十三日のCEAによる雑誌評論には次の記事がある。「八月十二日付『フィナンシャル・タイムズ』から。コメコンのエネルギー政策――原子力優先。英国が国策を問い直しているとき、東欧諸国は原子力時代に突入する決定的な一歩を踏み出した。ソビエトが牽引して、コメコン諸国は原発群を建設することを決定した。二十世紀末には、数十の原発が電力消費の半分を越す電力を供給する。原子力政策の拡大の要因としては、ソビエトの技術の先進性をあげなければならない（高速増殖炉を最初に動かしたのはソビエトである）。それに、西側のように環境保護派の議員に悩まされることも少ない」と。

ソ連の原子力技術が進んでいることについては、度々記されている。フランス電力公社（EDF）の系列雑誌『エネルギー・スクープ』の一九七七年七月一日号は、フランスとソ連の原子力協力合意書の署名が交わされたことについて、次のように記している。

「フランスとソ連の協力は文書交換だけで終わることはない。例えば、金属疲労や安全性などの技術問題をテーマに、毎年何回も会議を開く。（中略）フランスとソビエトの原子力平和利用の協定が結ばれたのには、三つの要因がある。
・二国がこの分野で同程度の技術水準を持っていること。
・二国とも、原子力に大きく依存していること。
・二国とも、今後原子力の大規模な利用のためには、高速増殖炉の建設が不可欠だと考えていること」
また、一九七七年十二月号の『原子力概要』誌には、「ソ連の原子力について」という記事があり、次のように述べている[33]。「ソ連の原子力エネルギーは三つの異なった型*から構成されているが、これは世界中でも最も調和がとれて重要なものの一つである。開発の歴史も古く、ソ連はすでに原子力時代に突入している。（中略）核融合分野での成功をも加えると、ソ連はすでに原子力分野の未来を保証する切札を手にしていると結論する」と。

＊訳注　黒鉛減速型原子炉ＲＢＭＫ、加圧水型原子炉ＶＶＥＲ、および高速中性子炉。

チェルノブイリ事故の数カ月前、ＣＥＡ創設四十周年のパリ会議（一九八五年八月十四日）で、Ｃ

EAの責任者M・ヴァンドライエスはソビエトの原子力エネルギーについて演説している。「ソ連の原子力エネルギー利用の分野で、かつてみられなかった優先措置が取られていることに注意したい。西部ロシアと東欧衛星諸国では民生原子力利用の大量化計画が進行し、技術水準にも西欧に近接する進歩がみられる。それにもかかわらず、すでに指摘したように、多くの西欧諸国では、民生原子力利用は二次的な役割しかしていない」と。

しかし、彼はソビエトの原子力産業についての賞賛とともに、ややためらいをも見せている。彼によると、ソビエトの技術が西欧水準と同程度になるためには、あと少し質的な発展の必要がある。しかし、ソ連は急速にこれを達成しようと。

彼は演説中、原子力産業の将来についての心配をも表明している。しかし彼が心配するのは、万一災害が起きたときに、そのことが原子力産業の発展を停止させてしまうことなのであり、災害が人々に及ぼす障害についてではない。「スリーマイル島事故のような事故が起きないことを私は切望している。しかし、スリーマイル島事故でも、究極的にはその影響を囲い込むことに成功した。そのような事故を完全に除外することはできないのだが、万全の注意をすることによって、その確率をたいへん小さなものとすることが出来る」と。

また、安全基準に対する評価、遵守などについては一言もなく、そのかわりに、非干渉の原則が尊重されねばならないという。こうして、フランスは原子炉の安全と放射性液体廃棄物の投棄に関する国際基準の採用を、依然として拒否しているのである。(34)

M・ヴァンドライエスは重大事故が原子力エネルギーの発展を危うくするのを恐れているに過ぎない。スリーマイル島事故の規模もわかった。しかし、原子力発電の計画は少なくともフランスでは、そのことによって影響されてはならないと言うのだ。

一九八六年四月——大事故

スウェーデンから発せられた最初の情報から判断して、(35)小事故ではなく、極めて遠くで大事故が突発したことが明らかであった。西欧の多くの専門家は状況をそのように分析した。しかし、フランスの専門家(少なくとも公式に意見を述べた専門家)は例外であった。一九八六年四月二十八日のAFP特電は次のように伝えている。「フランス放射線防護中央局(SCPRI)の代表は、現実に起きていることに直面して、分別を保とうと努力しながら、〈スカンジナビアから報告された放射線の増加には、いろいろな原因がありうる。また、事故のあったソ連の原子力発電所はバルト海沿岸であり、これはあまりにもスカンジナビアから遠過ぎるし、また、逆風の方向にあたる〉と、AFPに対して月曜(四月二十八日)の夜に述べた。また、別の情報によると、原子炉炉心の燃料交換や、核兵器関係施設の事故においても、近接区域において、相当な放射線量の増加を起こすことがある」と。

しかし、その直後、AFPは次のニュースを伝えた。「キエフ近傍のチェルノブイリの原子力発電所で事故が発生し、犠牲者が出たことを、タス通信社の発表が伝えた……」と。

フランスの責任者にとって、事故の衝撃を和らげることが急務であった。また、フランスの国土が放射性降下物から絶対に守られていなければならなかった。農相は一九八六年五月六日の記者会見で次のように述べている。「遠隔のフランス国土は、チェルノブイリ事故による放射性降下物を完全に免れた。これは、SCPRIにより確認された情報なのだ」と。しかし、農相はSCPRIのことを、〈放射線に対する防護中央局〉というべきところを、〈放射線のための防護中央局〉と言い損なって、失笑を買った。

遠隔というだけでは理由が不十分になると、急に突風が吹いて、国境で放射性雲が食い止められ、フランスは守られたとする説も伝わった。*

*訳注　訳者がフランスの原子核研究所を後に訪問した時にも研究者がこの説を真面目に話しているのを聞いた。しかし、発表された土地汚染データにはフランス国境で特別な変化が起こった様子はなかった。

SCPRIの連日の発表ニュースには次のような奇妙なものもあった。「状況はまったく正常であり、なんの異常を経過することもなく、状況は数日後には元に戻った」と。

その後、フランスにも放射性降下物があったことをカモフラージュできなくなった。世論は動いた。SCPRIの発表を何日も忠実に受け取っていた記者が、SCPRIと、その委員長P・ペルラン教授に非難の声を浴びせた。しかし、メディアは、人々の不安を静めようと動き出す。一九八六年六月二十日付の『ルモンド』紙は「ドイツ人の恐怖と厳格さ」という社説を掲げた。これは次のように始まる。

「ヨーロッパに有史以来の放射性雲の危機が走り回って以降、ドイツは変化してしまった。彼らはその危険性に恐怖し、英国風の憂鬱に囚われてしまった。サックス低地地方で緑の党は勝利しなかったが、そのかわりに逃亡した原子核がその辺りにうろついていることに我が隣国は恐怖し、苦しんでいる。大事故ではあったが、恐怖の大災害という程ではなかったチェルノブイリ事故のために、現代産業の大国において、人々が異口同音に原子力からの撤退の意見に傾いてしまったのには驚く。産湯と一緒に赤子まで捨てようとしているのだ」

一九八六年八月のウィーン会議――最初の事故評価報告書

国際原子力委員会（AIEA）は、チェルノブイリ事故分析のための科学者・専門家による国際会議を一九八六年八月に開催した。二四〇人の記者が世界から参加したが、原子力大国フランスからは三人の記者代表しかいかなかった。そのうち、二人は『ルモンド』紙と『リベラシオン』紙の記者であり、もう一人はAFP通信社の記者であった。フランス国営テレビは最終会議の一時間後にウィーンに到着し、閉会式にも遅れてしまった。

会議は非公開であった。ＡＩＥＡの原子力安全局局長Ｍ・ローゼンは「議論を禁じてはならない」と宣言した。新聞社は、ソ連の専門家が西側の仲間に寄り添われて日に二回記者会見することだけで、辛抱せねばならなかった。情報源に直接に接することを禁止されても、記者たちはそのことに抗議するようすもなかった。

ソビエトの専門家は会議で詳細な報告を行なった(36)。その導入部でチェルノブイリ以降の動向として、「原子力なしには、世界経済の将来はありえない」と明言した。多くの発言者はこの点に同意し、これを強調している。会議の開会演説で、ＡＩＥＡ議長ハンス・ブリックスは、原子力はもはや後戻りできる点を通り越してしまったという。スイスの放射性廃棄物を扱う機関の機関長で、開会会議の議長をつとめたルドルフ・ロメッチは、事故をまったく免れた文明は存在しないという。ソビエト派遣団団長のレガソフは開会演説で、ソ連は原子力政策に大きな優先を認めており、原子力なしには国の発展を保証することはできないと述べた。また、チェルノブイリ事故の重大さにもかかわらず、原子力産業の発展を停止することはできないと、ソビエトの専門家は確信していると も伝えている。さらに、事故の原因とその影響について述べ、レガソフは次の諸点を強調している。
・最適の処置が講じられなかった。
・ありえないと思われていたことが起こった。
・事故の重大さと放射線の影響の衝撃を正しく評価していない。

・プリピャチ村の避難は遅すぎた。

結局のところ、事故の責任は原子力発電所の所員に負わされた。ソ連原子力発電所協会会長、アバギャン教授によると、当の原子力発電の優れた性能のため所員が危険意識を失っていたことが、事故の最大の原因なのである。素晴らしすぎる原発を作ったためだというのだ。

低線量の放射線被曝が人に及ぼす長期の影響は、討論を呼んだ会議の焦点であった。ソビエトが行なった、放射線による癌死亡者の数についての評価には、西側の代表が強く抗議した。

ソビエトが行なった健康に関する被害報告は、その報告書の付属文書7に記載されている。報告書は仏訳され、各担当省庁に配布されたが、付属文書7は訳されずに、配布もされなかった。AIEAの付属文書はすぐ品切れとなり、以後再版されていない。西側の責任者たちは、彼らに都合の悪い科学報告に対して非難を浴びせた。

付属文書7では、次の四つの題目が扱われている。

・大量被曝者の急性障害
・総人口被曝量
・住民のための医療検査機構
・住民の長期医療追跡計画

このうちで詳細に論じられているのは、初めの二項目のみである。

1　大量被曝による急性効果

付属文書7の前半は、高線量被曝の急性症状に対する影響および治療の可能性を詳細に述べている。六〇〇レム以上の高線量被曝者に対して骨髄移植を行なうことについては、「放射線事故において、骨髄移植が絶対に必要で、その効果が大きいと期待される患者の割合はきわめて少ない」と、たいへん悲観的に述べられている。また、六〇〇レムから八〇〇レムの被曝に対しては、「骨髄移植も考えられるが、治療効果は否定的であり、副作用が起こり、そのために死亡する場合もある」と述べられている。フランスの専門家は、危急の原子力発電所で被曝する可能性のある放射線作業者に対して、事故以前に予め骨髄を採取しておき、被曝時にその自己骨髄移植を行なうという対策を立てた。これは医療原理として興味があろう。しかし、将来被曝するかも知れないとして、骨髄採取し、これを冷蔵庫に保管して、事故の場合に延命を図るというのは、現実には、原発労働者の士気を低めるものであろう。

2　避難

報告によると、緊急避難の区域は原発周辺三〇キロメートルにおよび、避難人口は一三万五〇〇〇人であった。また、避難者の避難以前の平均被曝量は一二レムで[37]、そのうち何千人かは五〇レム以上の被曝を受けた。これは、外部被曝に対する評価であり、呼吸と腸吸収による内部被曝は考慮されていない。プリピャチでは、空中のベータ線線量がたいへん高くなった（一五〇〇ベクレル／立方メートル）。また、評価には、ストロンチウム九〇や、放射能毒性の最も強いプルトニウムは考慮されていない。

それゆえ、避難者の被曝量は実際にはさらに大きくなる筈であり、緊急避難が必要であったことが明らかである。

3　総人口被曝量

報告は、最も事故の影響を受けたウクライナ、ベラルーシ、ロシアの七五〇〇万人の人々がその生涯に受ける総被曝量を、二億五〇〇万レムと評価している。この被曝によって引き起こされることになる癌死亡者数を計算するためには、一九七七年の国際放射線防護委員会（ＣＩＰＲ）勧告による癌死亡リスク定数が用いられている。こうして、ソビエトの専門家は、将来の癌死亡者数を、四万人と見積った。チェルノブイリ事故が、産業災害としては前例のない性格のものであることがここに明らかである[38]。

この数値は、西側の専門家にとって受け入れることのできないものであり、特にフランス代表にとって到底辛抱できないものであった。チェルノブイリ事故の長期発癌効果の評価には、東欧と西欧の間で何日にもわたって折衝が行なわれた。これは面倒な問題であった。住民には被害がないと宣言しても、到底信用される筈がない。西側の専門家は、その理由はなしに、癌死亡者数を十分の一とする提案を行なった。チェルノブイリの被害者数を四〇〇〇人とすることは、これがボパールの大災害以上のものであったことを認めることになるが、それでも四万人よりはましだとするのである。これに対して、フランス代表はどんな事故評価も行なわず、この問題には触れないよう希望した。

さらに、西側の専門家は、ソビエト専門家に対して悲惨な評価数を取り消し、謝罪するよう要求した。

報告には、ストロンチウム九〇の環境サイクルが分からないので、評価には考慮されていないことが述べられている。ソビエト専門家は後になって、ストロンチウム九〇は、被曝源として無視できないと述べている。また、ルテニウム一〇六とセリウム一四四など、他の元素も大量に放出されたが、いずれも考慮されていない。さらに、放射線元素のうち最も危険なプルトニウムによる汚染も、原発周辺だけに限られているわけではないが、これも考慮されていない。当時、プルトニウムの高放射性粒子（ホット・パーティクル）による被曝の重要さは知られていなかった。

一九八七年から一九八八年——初期の事故評価のやり直し

被曝による長期障害者数の算定は、生涯被曝量に基づいて計算される。これは平均年齢七十歳の生涯の間に個人が受ける総被曝量のことであり、レム、または、シーベルト単位で表わされる。これは測定して直接決める量ではなく、各種の放射性元素の食品への混入、（自給自足か部分自給かの）食糧事情、体内摂取、新陳代謝（年齢による違いも含めて）、人体臓器の被曝感受性、特定グループの人々（胎児、幼児、老人、病弱者……）の被曝感受性等々を考慮して、各種の放射性元素のサイクルに対してモデルを立てて計算した結果なのである。また、他の有害物質（窒化物、殺虫剤、いろいろの化学汚染物質……）との複合効果もあり得よう。総人口に対する影響を計算するには、特定のグループの人々の被曝感受性を考慮して計算し、これを合計する必要がある。総人口被曝量の単位は、レム×人、または、シーベルト×人である。計算結果の誤差は大きく、計算値は計算の各段階で用いた仮定により変わってしまう。このような計算を行なうのは、政府のお墨付きをもらった専門家である。

ソビエト専門家たちは、被害者評価数を少なくする計算を自ら進んで行なった。その下準備は一九八六年八月の会議の時にすでにできていた。

一九八七年五月、コペンハーゲンの世界保健機関（ＯＭＳ）主催の会議で、ソビエト専門家モイセーエフは初期計算のやり直しについて報告した。再計算を正しいとする理由は、事故直後大規模になされた予防処置により一九八六年当時に直面していた状況が好転しており、食品汚染は予期されたものより少ないことにソビエト専門家が気付いたからであるとされている。モイセーエフは総人口被曝量を十二分の一とし（すなわち、七五〇〇万人の個人平均被曝量は三・三レムから〇・二七レムとなり)、放射線被曝による癌死亡者総数は四万人から二八五〇〇人となった。

しかし、牛乳は基準値よりも相当、汚染されていたことを認めている。彼によると、この牛乳は消費されずに、「再処理」のために発送されたという。しかし、「再処理」とは何を意味するのか、全く説明されていない。この牛乳は放射性降下物の少ない遠隔地へ送られたのではないか、と推察される。もしそうだとすると、強汚染地域の被曝は減少するが、その分だけ遠隔地の汚染が増大する。長期の放射線障害には、しきい値は存在しないという仮定に立てば(この仮定はCIPRも現在認めているものである)、すべての場所における癌死亡者総数は変わらないことになる[39]。モイセーエフはこの点を気にしたのか、初期算定で採用された、しきい値なしのモデルを今回は疑問視している。

一九八七年七月、二人のソビエト専門家L・A・イリンとO・A・パブロフスキはモイセーエフのものよりも詳細な報告をウィーンの国際原子力機関に送付した。この二人は一九八六年報告に署名しているので、再報告書は自己批判書でもある。この報告書において、初期の事故管理の基礎になった基準が明らかにされているが、その発表がどうして一年後になるのか奇妙である。この報告書を読むと、一三万五〇〇〇人の人々を急いで避難させた必要がどうしてあったのか、さらに、避難した人々がどうして元に返ることができないのか全く理解ができなくなる。人々は帰りたくても、未だにその許可がおりないというのに! 二人は、避難処置は住民の精神的な影響を考慮してなされた当局の決定であったと述べているが、事故当時、避難者は放射線の危険について無知であったことを考えると、この理由も全く根拠がない。

イリンとパブロフスキは、初期の被曝量、従って、癌死亡者数と遺伝障害者数の算定値を各々十分の一に減らした。その数値は一九八六年八月のウィーンの会議において、西側からなされた要求に完全に答えるものであった。

これと平行して、西側の専門家も見直し計算を行なっている。一九八七年一月、ウィーン会議に四カ月遅れて、パリにおけるヨーロッパ議会の聴聞において、初期被曝量算定値の七分の一が既定のものとされている[40]。

一九八八年には、国連放射線影響科学委員会（UNSCEAR）が見積りを行なっている[41,42]。これによると、北半球の総人口被曝量は六〇〇〇〇万人×レムであり、そのうちヨーロッパ諸国は五三％（三二〇〇万人×レム）、ソ連は三六％（二二〇〇万人×レム、すなわち、ソ連の総人口被曝量は初期算定値二億五〇〇〇万人×レムの約十分の一）である。この値は、一九八八年以降公的に用いられるようになった。そして、一九八六年八月のソビエト算定値はそれ以来、批判もされていないし触れられてもいない。そのような算定値はなかったかのようである。また、こうして採用された算定値は、見直して小さくなったものではなく、事故以来、得られたすべてのデータを基にしてソ連と西側諸国で得られた計算結果であるかのように扱われている。しかし、情報は完全に一致しているわけではない。一九八六年八月の署名者A・グスコーバは事故による癌死亡者の増加は〇・三％であると言い続けており、この値は癌死亡者総数に直すと二万八五〇〇人となり、この数は一九八六年八月の初期事故評価の値に近い。

一九八八年——レガソフの自殺

物理化学者バレリ・レガソフはソ連の科学アカデミー会員で、ソビエトの原子力計画の創始者、発案者の一人である。彼は事故発生後、二十四時間以内に派遣された政府委員でもあり、現地で事故管理を行なう科学技術者グループを指導した。彼は、また、一九八六年八月の報告の署名者であり、ウィーン会議のソビエト代表団の団長でもあった。チェルノブイリ事故後でも、彼は原子力エネルギーの宣伝を熱心に行なった。その人が、遺書を残して一九八八年四月二十七日に自殺したのである。

レガソフの遺書は特に重要である。事故直後の処置が、当初伝えられていたものからほど遠いものであったことを、彼は遺書で言及している。実際の被害は、ソビエトの初期の被害評価算定値よりも大きくなるのだという証拠を、この遺書に見いだすことができる。事故管理の処置が大変有効であったというソビエトの専門家の談話は、西側の専門家に歓迎されたのであるが、遺書はこの虚偽を暴くものである。また、公的機関の原子力安全に関する従来からの扱い方を、レガソフは批判している。原子力産業の官僚的管理体制のみではなく、科学者のこの問題に関する無関心さにも批判が及んでいる。レガソフの問題分析はソ連の枠組みを越えた一般性を持っている。事故後の安全問題に関する彼の発言は、原子力関連機関の人々にとっては不快なものであった。一九八七年春、彼がクルチャトフ原子力研究所所長に選出されなかったのは、このことが関与しているかも知れない。原子力界で彼が行なおうとした改革は失敗に帰し、チェルノブイリ災害の記念日を選んで、彼は自殺した。

まず、事故時の状況について、遺書から引用しよう。

プリピャチの町の住民避難について彼は述べる。「事故のニュースは口から口へと、アパートの中庭で叫んだり、また、貼紙をしたりして伝えられたが、二十七日の朝、まだ事故のニュースを聞いていない人々も多かった。通りには、乳母車で子供を散歩させる母親、遊んでいる子供など、日曜日毎の光景が多くみられた」と。

チェルノブイリ原子力発電所の職員に関して、彼は言う。「彼らは、どんな状況においても、要求することをやろうとしてくれた。だが、何をなすべきか、仕事をどのように計画し、組織するのか、発電所の責任者もエネルギー省の指導者も、この点に関して何を指示するべきか判断できなかった」と。

放射線管理状況については、「少なくとも、初めの数日間は、測定計器がなかった。プリピャチの町のどの建物も、四月二十七、二十八、二十九日は、かなり汚染されていたのに、通常の生活が続き、ソーセージ、胡瓜、ペプシ・コーラ、果物ジュースが同じ場所に並べられ、人々はそれを直接手で触れていた」と述べている。

役人たちは状況の重大さを知っていたのだろうか？　このことについては、「彼らは、専門家の説明を五月二日になって聞き、ようやく状況が分かり、小事故ではなく、長期にわたる後遺症を伴う大規模な事故が起きたことを理解した」と述べている。

住民は危険を知っており、情報を得ていたのだろうか？　このことについては、「放射線が人体にとって有害であり、汚染地域では何を注意するべきなのかを説明する冊子が、すぐ配布できるよう準備されておらず、放射線の測定方法、測定器具、野菜、果物の食べ方に関する初歩的注意がのっている冊子もなかった」と述べている。

この証言から、事故時の管理計画など皆無であったことが分かる。このような状況を考えると、有効な対策がとられた結果として被曝量評価算定値を減少させたりすることが、どうしてできるのであろうか？

遺書の後半は、ソ連原子力の発展のありさまについて、次のように述べている。「私の手にしている情報からすると、原子力の発展は良い方向に向かっていないと、私は考えている。（中略）仕事を進め、問題を解くにあたって、古い決まりきった方策が使われている。私はその弊害に気がついたが、このことについて介入するのは難しかった。科学機構の専門家が行なっている仕事の基礎にある考え方を知ろうとする、非専門家の試みなどは許されないものとされ、私の発言は悪意に解釈された。（中略）こうして、与えられた仕事はできるが、彼ら自身の安全を確保するシステムと、そのための装置に対して、批判精神を欠く技術者世代が生まれたのである」と。

この記述は、フランス原子力公社（ＥＤＦ）職員の「安全文化」の欠如を訴えるピエール・タンギの記述に極めて近い(29)。そして、レガソフが言う「仕事の生産性」のために安全規則を無視する傾向は、ＥＤＦに対するキロワット時の呪文に近いものである。

原子力発電の安全管理は異常をきたしているのが明らかである。「原子力発電所の仕事場を訪れた者は、仕事の性格を考えたとき、あまりにも管理が簡単で、手薄であることに、ショックを受けた。我々は、このようなことすべてに気付いていたのだが、しかし、これらは些細なことであり、関連があることだとは考えなかった」と述べている。レガソフは、彼自身をも含めて、科学専門家の責任について一歩を進める。「あの当時、私は危険性について、よく知っていたとは言えなかった。漠然とした不安は持っていたのだが、多くの大家、巨人、その分野の経験者がいたので、よもやのことが起こる筈もないと考えていた」と。

原子力発電所の責任者たちについて、彼は例をあげている。「チェルノブイリ発電所の所長は〈一体、何か心配なことがありますか？　原発はサモワールと同じなのですよ〉と言っていた」と。ところで、フランスでは、どうであろうか？　フランスの原発は加圧水型であり、フランス原発の所長たちは「原発は、圧力鍋と同じなのですよ」と、しばしば言っている。*

＊訳注　チェルノブイリの黒鉛減速型原子炉ＲＢＭＫには圧力容器がなく、フランスの加圧水型原子炉には圧力容器がある。前者をサモワール（ロシアの紅茶沸かし器）、後者を圧力鍋にたとえるのは妙なも

のである。しかし内に入っているものはお湯ではなく、絶対に外部に放出してはならない放射性物質である点は全く異なっている。この点に無神経なたとえは放射性物質に対する慢心を表わして一層妙なものともなっている。

チェルノブイリ事故の原因として、官僚機構の弊害を指摘するだけでは充分ではない。危険を無視して安心し切っていたこと、アカデミー会員、研究所所長、設計者、建設者、原子力発電所所長など、階級社会のすべての人々が技術にたいしてあまりにも絶対の信頼をおいたことが、むしろ重大である。そして、フランスの事情はこの点について、全く同じである。

一九八九年——チェルノブイリから二〇〇キロ以上も離れた汚染地域

ソビエト紙が明らかにしたウクライナとベラルーシの状況

一九八九年、ソビエトの新聞社が発表したニュースは大いに心配なものである。ウラジミール・コリンコは、一九八九年二月十九日付の『モスクワニュース』紙で、チェルノブイリから五〇—九〇キロメートルも離れており、一九八六年の避難区域の外側に位置するウクライナのナロジチ地区の村々の状況を伝えている。この記事は、『モスクワニュース』のフランス版にも「後遺症」という表題で掲載されたが、フランスのマスメディアは全く反響しなかった。記事は次のことについて述べている。
・農場の家畜（豚、牛…）の奇形出産の急増
・子供の甲状腺感染症の激増、ナロジチ地区の子供の約半分に甲状腺異常が見られること
・唇、口腔の癌の多発
・慢性疾患の悪化と、手術後の快復困難

この記事は、次のようなニュースをも伝えている。「問題がないのであれば、どうして子供を生まないように勧めるのか？」という、女たちの不安の声。

いくつかの村の汚染が高く、放射線計測値が極めて高くなっている。土壌に放射性降下物があったのだ。放射性の塵を風が吹き散らしている。耕作時には被い付きのトラクターに乗ること、木を焼やしてできた灰を農作物に散布しないこと、薪は燃やす前に洗うこと……が勧められていること。

最も汚染された村には、非汚染牛乳、肉などの食品が運び込まれ、この食品購入のため、毎日一○ルーブルが支給され、給料は二五％増しとなった。しかし、食料は不足していること。

V・コリンコは次のように記事を結んでいる。「ナロジチ地区の住民は、なぜ物乞い者の汚名を着せられているのか？　被った損失の完全な補償、そして健康と土地の状況に関する徹底した情報を行政責任者に要求する権利を、彼らは持っているのに……」と。

その後も、ソ連から発せられるニュースは続いたが、フランスの報道機関は依然として関心を示

そうとはしなかった。

ベラルーシの状況も危機的であった。当局は、事故の中期・長期の管理計画では全く予期していない状況に出くわしたのである。ホイニキ病院では、今までの五倍の気管感染症治療を行なったが、それでも、まだ治療が不足していた。

ベラルーシの総理大臣のV・コバレフは、一九八九年二月十一日付の『プラウダ』紙に、次のように述べている。「放射線で汚染されてしまったウオッカは、瓶の中に戻すことはできない」と。

一九八九年二月二日、ベラルーシのミンスクの公会堂で行なわれた一般集会では、汚染地図が公開されたが、政治責任者と医者がこのような集会を開かねばならないほど情勢は悪化していた。汚染地帯では、子供の健康状態が悪化していた。窮した現地の共産党責任者は、モスクワの責任者に批判を浴びせた。

ベラルーシの汚染地図と監視区域

ミンスクで一般に公開された汚染地図は、『ソビエツカヤ・ベラルーシ』紙にも一九八九年二月九日付で発表された（図1、図2）。この地図には、公衆衛生管理区域が示されていた。セシウム一三七による土壌汚染と管理の区分により、二種類の区域が設定されている。

「常時厳重監視区域」と呼ばれる高汚染区域は、一五キュリー／平方キロメートル以上の放射線量の地域である。この周囲を「周期的監視区域」と呼ばれる中汚染区域が取り囲んでおり、この区

図1　ベラルーシのゴメリ行政地区（チェルノブイリに近い）の監視区域

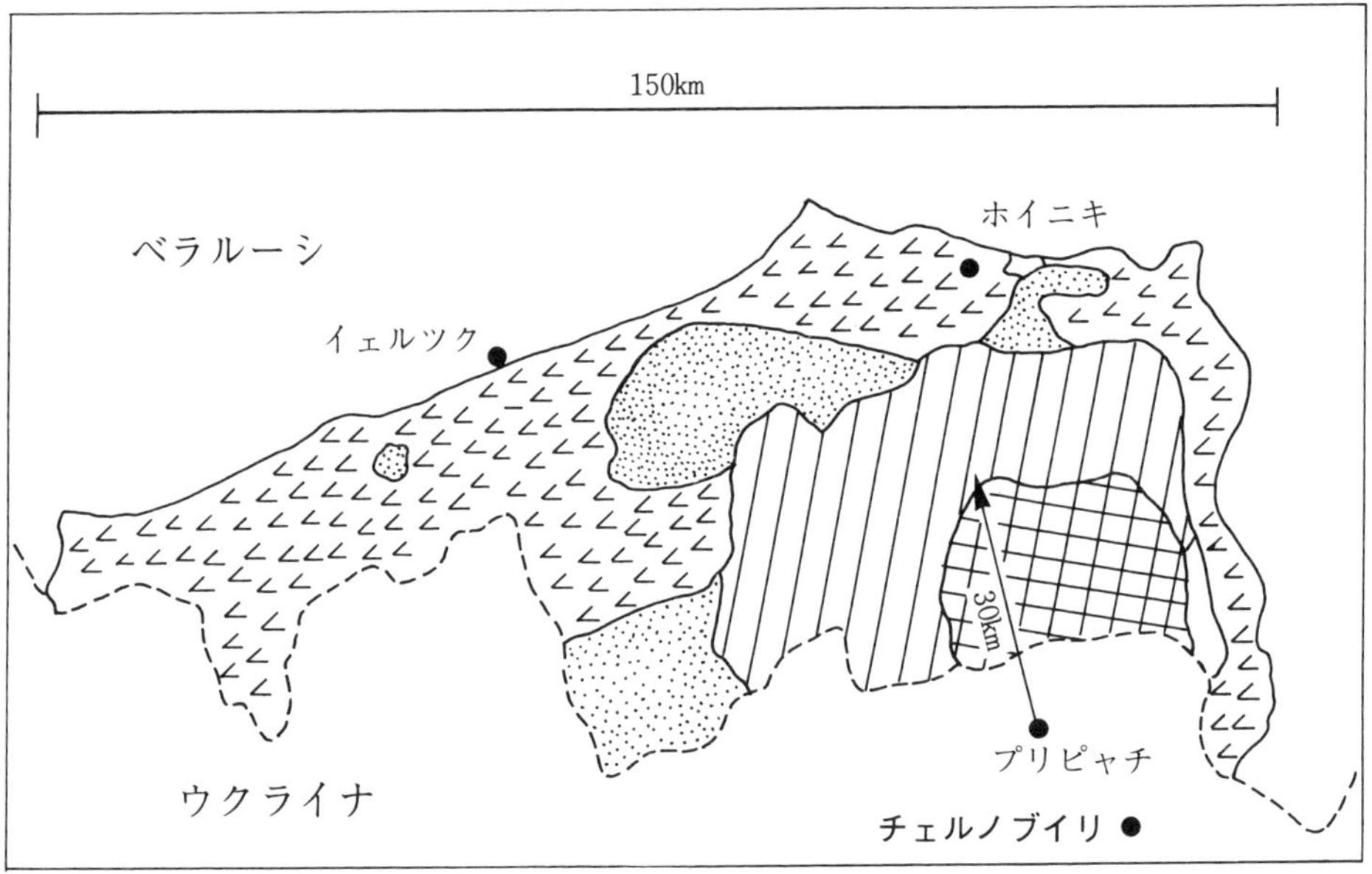

周期的監視区域：5～15キュリー／平方キロメートル
常時厳重監視区域：15キュリー／平方キロメートル以上
1986年6～7月の避難区域：避難住民は75地区の18,700人、この地区はポレジー州の環境保留地に指定された。
強汚染の閉鎖区域：20地区の住民4,400人が避難した。周辺は囲われており、監視されている。ポレジー州の環境保留地に指定された。

（1989年2月7日付の『ソビエツカヤ・ベラルーシ』紙より）

域は五―一五キュリー／平方キロメートルの放射線量の地域である。
汚染区域は、地理的には次の二つの地区である。
・プリピャチ近傍の第一地域は、東西に一五〇キロ、南北に五〇キロの範囲におよんでいる。この地域は南方にウクライナへと延長しているが、その部分は地図には記入されていない。地図に記入された汚染区域は、一九八六年五月のベラルーシの避難地区、およびこれに隣接する一九八六年八月までに行なわれた避難区域を併せて、それを拡大したものであると説明されている。五月初旬に発表された半径三〇キロの最初の避難は、その後一九八六年八月まで継続されていたことが、この地図から判明した。
・ゴメリとクリチェフ（モギレフの東）の間の第二地域は、南北に一六〇キロ、東西に一三〇キロの範囲におよんでいる。この地域は、ロシア共和国・ブリアンスク方向に延長しているが、その部分も地図にはのっていない。常時厳重監視区域は、チェルノブイリから二五〇キロも離れた場所まで延びていたのである。常時厳重監視区域は、ゴメリとモギレフの四一五の小区からなり、一〇万三〇〇〇人の住民の健康状態が常時監視されていることになる。しかし、具体的にどんな健康監視がされているのか、記述がない。非汚染食料の供給はされているであろう。
周期的監視区域は、六三七の小区からなり、二〇万六〇〇〇人の住民が居住している。この区域では、食料の監視がされているが、常時の健康監視は行なわれていない。

発表された地図では、五キュリー／平方キロメートル以上の表面汚染区域のみが図示されている

図２　ベラルーシのモギレフ行政地区（チェルノブイリから遠い）のセシウム137による汚染箇所（ゴメリとチェルノブイリの距離は175キロメートル）

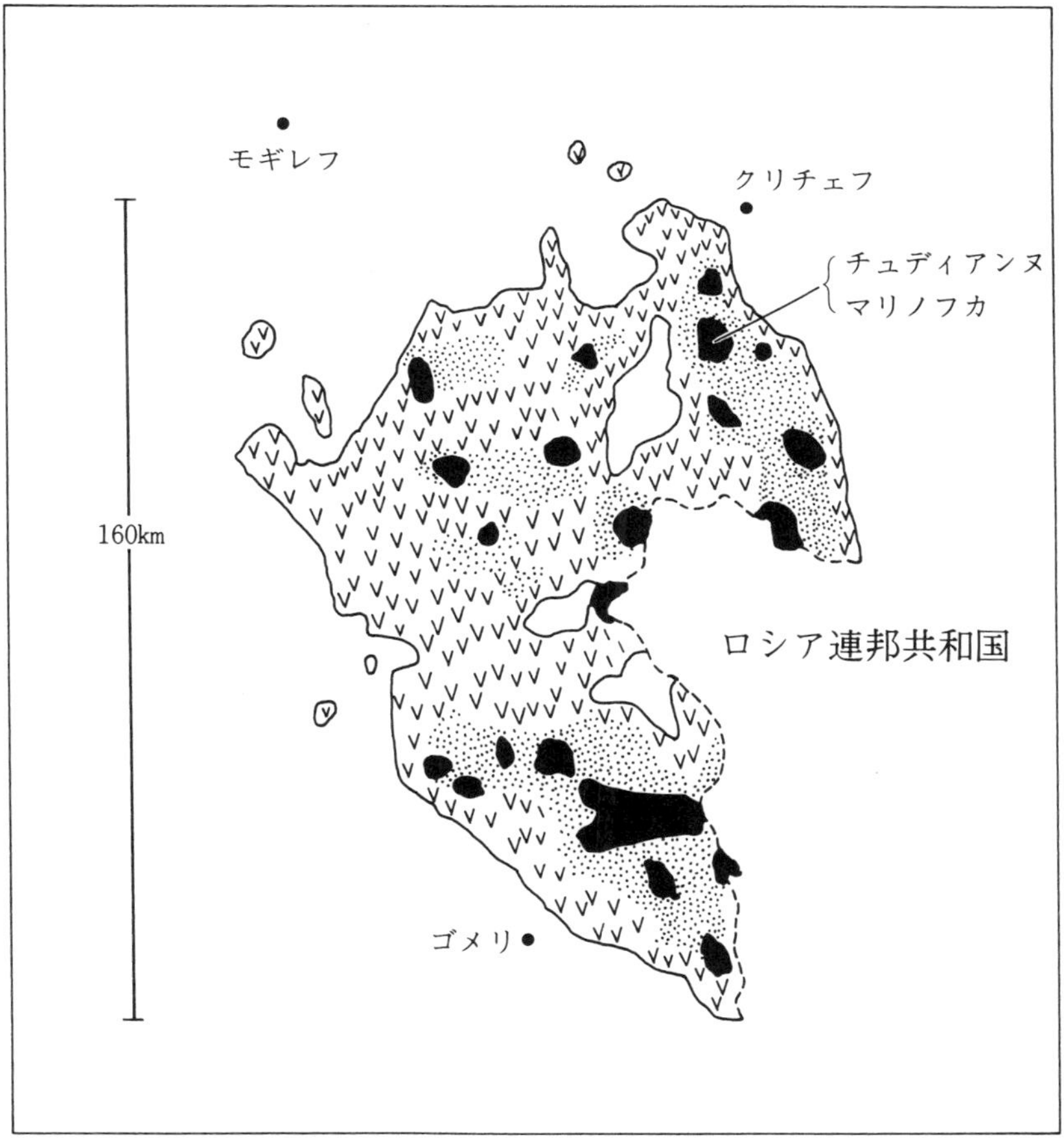

周期的監視区域：５～15キュリー／平方キロメートル

常時厳重監視区域：15キュリー／平方キロメートル以上

強汚染区域：40キュリー／平方キロメートル以上、この区域の住民は1990～1991年に避難した（マリノフカとチュディアンヌでは汚染は140キュリー／平方キロメートルに達した）。

（1989年２月７日付の『ソビエツカヤ・ベラルーシ』紙より）

が、五キュリー／平方キロメートルの汚染は、すでに相当高い汚染である。比較するならば、イギリスで、羊肉の汚染値がチェルノブイリ以降制定された食料汚染基準を超えているので、羊の屠殺が未だに禁止されている区域があるが、この区域の汚染値は、〇・五キュリー／平方キロメートルなのである。

発表された汚染地図は、未だに不完全なものである。ポーランド国境近く、ブレスト近傍には、次の優先避難リストに載っている村々があるが、その高汚染地区が記入されていない。また、この地図では、セシウム一三七による汚染だけしか扱っていない。

農業問題

ウクライナは伝統的にソ連の小麦の穀倉地帯である。また、ベラルーシでは、家畜の飼育が盛んであり、牛乳と肉の重要生産地である。V・コバレフは、すでに述べた『プラウダ』紙の記者会見で、農地の二〇％が汚染されたと述べている。ベラルーシの新聞によると、ゴメリとモギレフ地方の責任者の不安と、モスクワの専門家の楽観との対比が著しい。

汚染地域では農作業が継続されているが、生産された作物の汚染レベルは表示されていない。ベラルーシ議会議長は、この点に関する不安を取り除くための記者会見で、汚染された小麦の生産は免除されようとの希望を述べた。

専門家は、除染作業は失敗であったことを公に認めている。土壌表面の充分な厚さの表土層を除去して、これを埋めてしまえば、残るのは痩せ土のみとなってしまう。ユーリ・イズラエル教授（ソ連の水気象研究所所長）は、一九八九年三月十四日付の『ソビエツカヤ・ベラルーシ』紙で、「放射性元素が移動することにより、汚染水準が初期の値にまで、度々、逆戻りしてしまう」と述べている。また、ソビエト放射線防護の責任者のイリン教授は、「対策を講じたおかげで汚染水準は下がり、その地域で生活を続けることができると予測していた。しかし、我々の希望は実現しなかった」と述べている。さらに、ベラルーシの共産党中央委員会の事故対策委員長でベラルーシ議会の諮問委員のB・G・エフトークは、常時厳重監視区域（人口一〇万人）でなされた多くの作業のついてコメントした後、「除染作業は、期待された効果をあげなかった。放射性元素が風などの作用で常に移動するので、放射線水準の低下が妨げられる。産業規模で優先的に除染措置を行なう計画は、再検討される必要が起こっている」と述べている。

このように、一九八八年以来、ウクライナとベラルーシの状況は、地方責任者にとって大変な心配事となっている。汚染地域住民は、はっきりと不満を表明している。一九八九年当初のソビエトの新聞は、「責任者が住民の前で説明することが必要となっており、その説明は、西側の専門家を対象に国際会議で行なうものとは、内容が違っている」と伝えている。西側の専門家たちは、新聞記者を同伴して、立入禁止区域周辺のみを訪問していたが、問題は、実に二〇〇キロ以上も離れたベラルーシの地域だったのである。チェルノブイリ事故の処理対策計画は、明らかに失敗であった。レガソフの自殺は、このことに対する悲観と失意が大きかったからでもあろう。

新たな避難計画

チェルノブイリの大災害は、世界に類例のないものであった。大災害の後、放射性雲の通過によって強く汚染された地域で、住民を居住させ続けることになろうとは、予想もつかない事実であった。最悪の場合でも、発電所周辺の住民の外出禁止、あるいは、避難が必要となるのは、事故後数日間、最も緊急を要する期間で充分であろうと考えられていた。専門家が一九八六—一九八七年に公にした楽観的な見通し(43)は、事実により覆された。

一九八六年以来、ソ連の放射線委員会は放射線許容暫定基準を制定した。この基準は、事故当初の空中放射線による外部被曝、土壌に沈着した放射性降下物による長期の外部被曝、放射性元素の呼吸と消化吸収による内部被曝を考慮して、定められたものである(44)。

この暫定基準を尊重すると、チェルノブイリから数百キロメートル離れている村の住民まで、避難させなければならないという事態が起こったのである。

住民避難数を少なくしようとするソ連中央政府と、諸共和国政府の間で、当然の事ながら議論が起こった。しかし、実際の意見対立の構図は、さらに複雑であった。ベラルーシの科学アカデミー総裁V・プラトノフは、一九九〇年三月二十六日付の『イズベスチア』紙で、科学者は、中央政府と、中央政府に驚くべき卑屈さを示す共和国政府の両方に対して、戦う必要があると指摘している。

中央政府によって制定されたチェルノブイリ事故の事後管理に関する規則は、少なくとも見かけは、諸共和国の科学者の議論を取り入れようとして、度々変更された。しかし、汚染地域からの避難者数は、結局のところ、中央政府の初期の措置からあまり違ったものではなくなり、諸共和国の避難案は大幅に後退させられることとなった。この経緯については、以下詳しく追っていこう。

諸共和国は最近独立を獲得した。しかし、諸共和国は財政不足と技術の欠乏に直面している。このことが、諸共和国の政策変更を余儀なくしているようである。五年間が失われてしまったことは、救いようがない。この間に汚染地域住民が避難していれば、彼らの健康状態は大いに改善・保護することができたのだが……。西欧の専門家が、避難の必要がないと言うのを頼りに、最低限の対策しか講じられないことを恐れる。

また、新しい諸共和国政府の下に責任を持つことになった科学者が、現実の政治に巻き込まれて、意見の変更をしないとは限らない。しかし、どのような変化があろうと、民衆の意見は不変であり、政治に対する圧力となり続けるであろう。

ベラルーシ——一九八九年十月当初の避難案

一九八六年の最初の住民避難は、チェルノブイリ周辺の二万五〇〇〇人であった。一九八六年十二月には、ブラギン近辺の一二村から一〇〇〇人を越す避難が新たに行なわれた。その避難区域は、チェルノブイリから五〇キロメートルにおよんだ。

フランス本土の一〇%に相当する四万平方キロメートルの土地が汚染されたと、一九八九年の時点では考えられている。ベラルーシ保健省のブーリアク博士は一九八九年二月、「放射線により、いろいろの程度の汚染を蒙ったベラルーシ人は五二万人になる」と述べている。ベラルーシ大使は国連で国際援助を求めた一九九〇年三月の演説で、人口の二〇%、二二〇万人の住民の健康が問題になっていると述べている。

いまだ、多くの村の住民避難が必要であり、そのなかにはチェルノブイリから二五〇キロメートルも離れた村も含まれている。

一九八九年十月末、ベラルーシ議会の第一二回会議における避難計画は、五二六の地区の、一一万八三〇〇人の住民を一九九五年までに避難させることになっている（『ソビエツカヤ・ベラルーシ』紙より）。計画は、次の三段階に分かれている。しかし、その財源については触れられていない。

・第一期（一九九〇—一九九一年）一一二区の一万七〇〇〇人の避難
・第二期（一九九一—一九九二年）六二区の四六〇〇人の避難
・第三期（一九九二—一九九五年）三五二区の九万六五〇〇人の避難

結局、常時厳重監視区域の全住民の避難が必要なのである。

一九九〇年内には、特別高度汚染区域（四〇キュリー／平方キロメートル以上）の、一万一七〇〇人の住民避難に対する財源しか確保できなかった。計画の住民全員を避難させる財源は、ベラルーシだけでは賄いきれないものである。

図3　茸など野生植物の採集制限区域

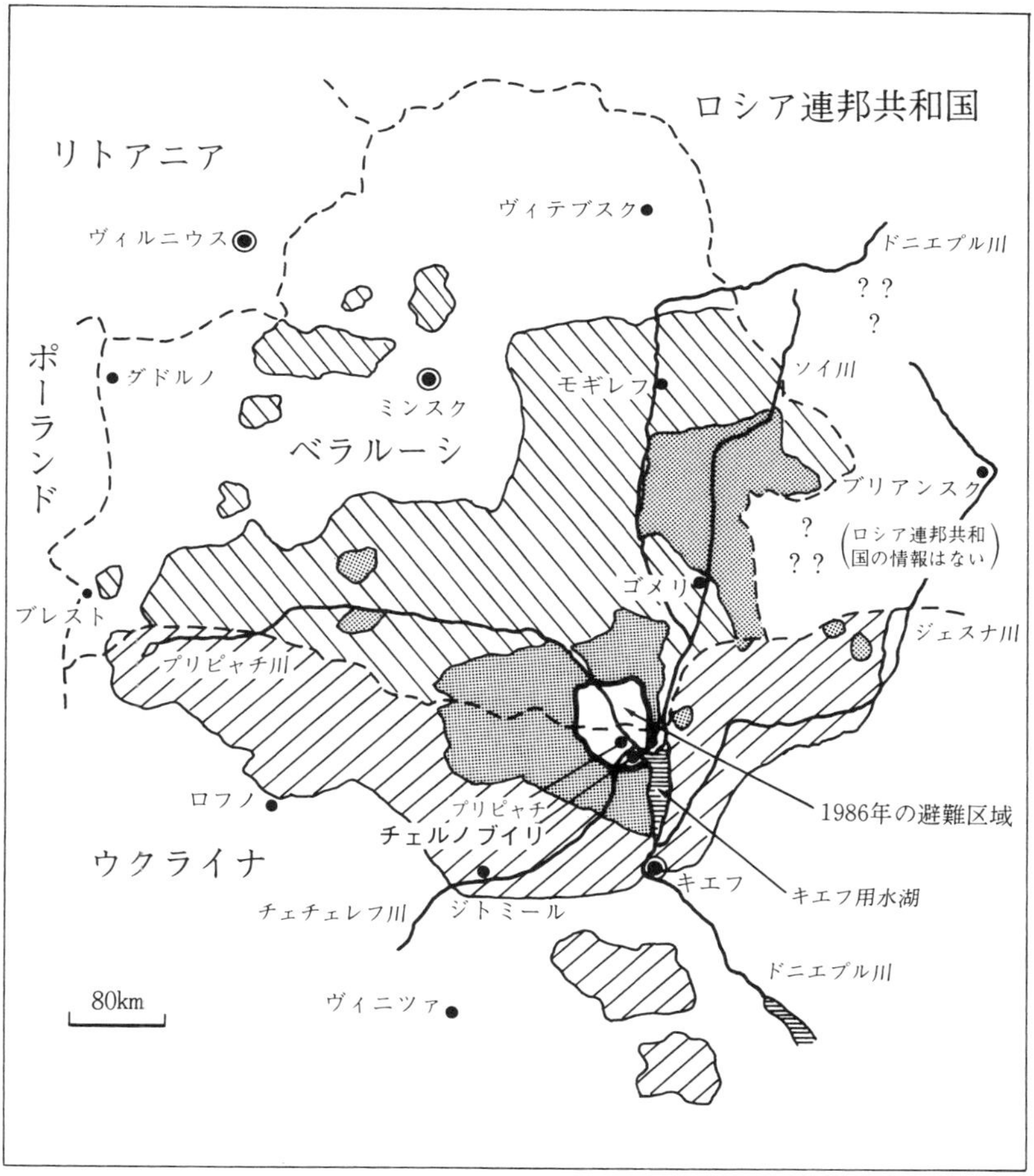

▩　採集禁止区域（キエフ用水湖では釣りも禁止である）

▨　採集可能であるが放射線検査が必要な区域

ブリアンスクとモスクワの距離は350キロメートル

ウクライナ：1989年7月5日付の『ウクライナ・プラウダ』紙より。
ベラルーシ：1990年 5月20日付の『スビアズカ』紙より。
ロシア：情報なし

ウクライナ——植物採取制限区域

V・コリンコの新聞記事は、一九八九年のウクライナ政府の、ナロジチ地区の一二村と、ポリエスコエ地区の二村の住民避難決定を早めた。このうち一村の避難状況は、キエフの映画監督G・キリアレフスキーによってドキュメンタリーとして撮影・放映された。

『ウクライナ・プラウダ』紙には、一九八九年七月五日および十五日の二回にわたって、野生果実、薬草、茸など、森林に自生する植物の採取制限区域の地図が発表された(45)(図3)。ウクライナでは九〇〇〇平方キロメートルにおよぶ厳重な採取禁止区域があり、その外側に採取は可能だが、採取した植物の放射線検査を必要とする区域が広がっている。後者はキエフに端を発する東西六〇〇キロメートル、南北一〇〇キロメートルにおよぶ地域である。

ウクライナのこの制限区域は、フランスの国土の十分の一以上になる。

採取が無条件に行なわれる区域でも、釣りと猟には放射線の管理が強制的である。しかし、どのようにして強制管理を行なうかについては記述がない。

ベラルーシで植物採取に関する情報が現われるのは、もう少し後である。

ロシア共和国は大丈夫か

ベラルーシのモギレフとゴメリ間の汚染は、ロシア共和国のブリアンスク方向に延長している。

一九八九年三月二十日付の『プラウダ』紙は、表面汚染が一五キュリー／平方キロメートル以上の区域の地図を載せており、ブリアンスク地方もその中に含まれている。水気象国家委員会のユーリ・イズラエルによると、ロシアの常時監視区域に該当する地域は二〇〇〇平方キロメートルに及んでいる。周期的監視区域は記されておらず、汚染区域の住民数も記されていない。ブリアンスク地方からの情報は一九八九年を通じて、住民に対する放射線の影響を皆無とする公式情報を除いて、全くない。住民が汚染に関する問題意識を持ち合わせていないのか、情報を制限する検閲が功を奏しているのかの、いずれかであろう。(46) ブリアンスクや、ブリアンスクからオレルやトゥーラに向かう地方の情報を知りたいものだ。ブリアンスクは、チェルノブイリからモスクワにいたる直線上、モスクワから三五〇キロメートルに位置している。ブリアンスクが汚染されているのであるから、モスクワも公的に言われているよりも汚染があったかも知れないと思われる。その場合には、モスクワ地方の人口数を考慮すると、長期の事故災害者数は相当大きくなる可能性もある。

汚染に関する最近のデータ

セシウム一三七による汚染（用語解説二二一ページ参照）

『科学と生活』誌一九九〇年九月号に、最も新しいものとして、ソ連のヨーロッパ地方の汚染地図が発表されている（図4）。この汚染地図は一九九一年四月、原子力エネルギーについてのフランスとソビエトによるパリ会議[47]の参加者に配布された。この汚染地図はソ連の水気象国家委員会の責任で発表されており、一九八九年三月二十日付の『プラウダ』紙に同委員会委員長ユーリ・イズラエルが発表した文章を引用したコメントが付属している。これによると、ブリアンスクとトゥーラの間には、一─一五キュリー/平方キロメートルの汚染地帯が三五〇キロメートルにわたって延びている。

いくつかの都市に関するデータも発表されている。キエフの汚染に関する詳細な地図は、一九九〇年十月一日付の『夕刊キエフ』紙に発表されている。これには、一─二キュリー/平方キロメートルの汚染区域、この間に点在する二─三キュリー/平方キロメートルあるいはそれ以上の汚染区域が示されている。

ゴメリの汚染は、平均して一─五キュリー/平方キロメートルであるが、七キュリー/平方キロメートルに達する区域もある（一九九〇年十一月七日付の『ソビエツカヤ・ベラルーシ』紙）。チェルノブイリから一〇〇〇キロメートルも離れたソチの海水浴場でも、最近汚染が発表されている[47]。

公に発表された三共和国のデータ(注18)によると、

・一五キュリー/平方キロメートル以上の汚染区域に居住する住民は二四万人であり、そのうち四四%はベラルーシに、二〇%はウクライナに、残りの二四%はロシア共和国に居住している。

・五キュリー/平方キロメートル以上の汚染区域に居住する住民は八二万人であり、そのうち四五%はベラルーシに、三一%はウクライナに、残り二四%はロシア共和国に居住している。

図4　セシウム137による汚染地図

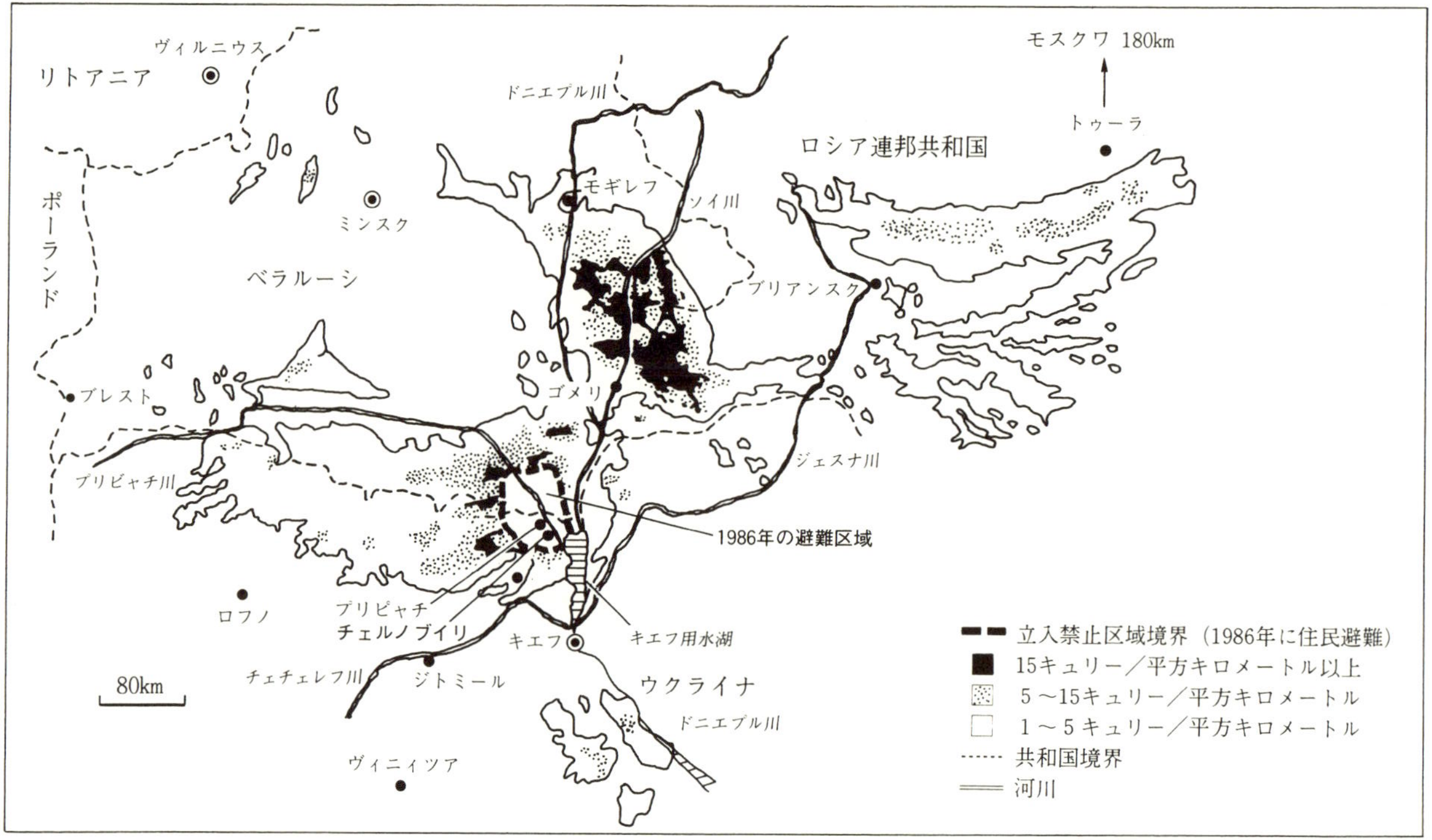

1986年に住民避難が行なわれた区域は半径30キロメートルの円形地区ではなかった。ベラルーシでは原子力発電所から50キロメートルにまで延長していた（Zh. メドベージェフにより『ニュークリア・エンジニアリング』誌 1991年4月号に発表されたAIEAの地図、『ガゼート・ニュークレエール』誌 96／97号および100号）。セシウム137の汚染域は『科学と生活』誌 1990年9月号より転載。

・一キュリー／平方キロメートル以上の汚染区域にはベラルーシで二二〇万人が居住している。ウクライナとロシア共和国の数は不明であるが、合計して、約二〇〇万人程度が該当しているのではないかと推量される。三共和国の合計は四五〇万人程度となろう。

農地に関しては、ベラルーシで二〇％の地域が汚染され、二五〇〇平方キロメートルの地域が農業を断念している。この面積は、五〇〇〇平方キロメートルへとその後増加する。

三共和国全体では、一キュリー／平方キロメートル以上の汚染区域は、一〇万平方キロメートル以上となり、これはフランスの面積の五分の一から六分の一に相当する。*

*訳注　日本の面積の三分の一から四分の一に相当している。

ストロンチウム九〇による汚染(48、49)

［チェルノブイリ近傍地区］

ストロンチウム九〇によって三キュリー／平方キロメートル以上汚染された地域は、チェルノブイリから三〇キロメートル以内がほとんどである（図5）。しかし、チェルノブイリから北北西四五キロメートル以上離れた地域でも同程度汚染されており、この地域の村から（住民数一万八七〇〇人）、一九八六年六―七月になって住民避難が行なわれた。三キュリー／平方キロメートルの汚染区域は、飛び地となり、住民避難区域以外にも、管理区域以外にも存在している。

図５　ストロンチウム90による汚染地図

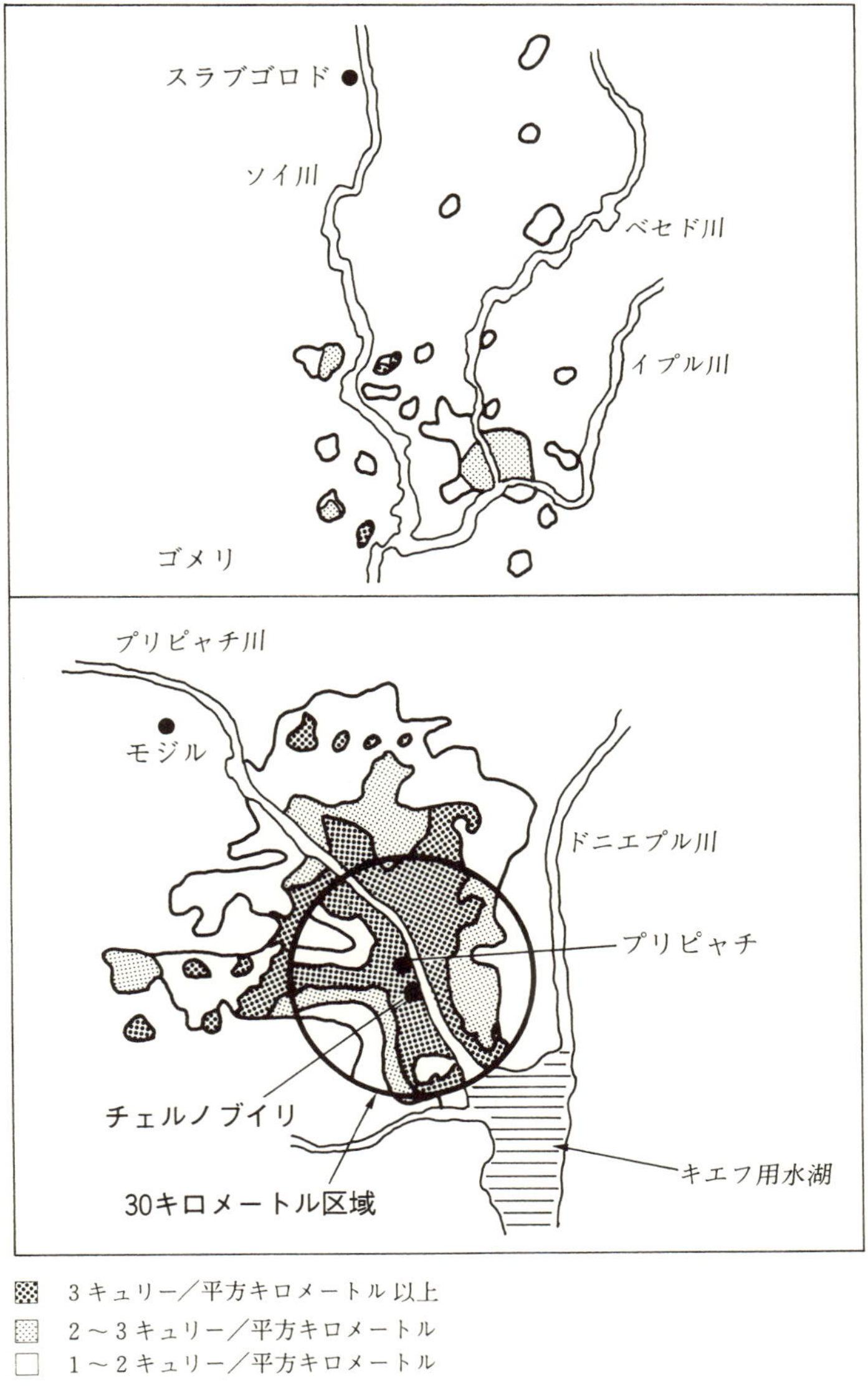

（ストロンチウム90による汚染水準は、『科学と生活』誌、1990年９月号より）

［遠隔地区］

ストロンチウム九〇による一―二キュリー／平方キロメートルの汚染区域の中に、ところどころ二―三キュリー／平方キロメートルの汚染区域が点在している。これらの区域はセシウム一三七による高汚染区域（四〇キュリー／平方キロメートル）でもある。ゴメリとヴィエトカ付近の高汚染区域の場合もそうである（ヴィエトカはチェルノブイリから一六〇キロメートル、ゴメリの北西二四キロメートルに位置している）。

一―二キュリー／平方キロメートルの小汚染区域がベラルーシとロシア共和国の境界上に、ゴメリとスラブゴロドに平行な方向に散在している。〇・一五キュリー／平方キロメートルから〇・七キュリー／平方キロメートルの汚染等高線図も発表されており、これは、セシウム一三七による五―一五キュリー／平方キロメートルの汚染区域に重なっている。

プルトニウムによる汚染(50)

一九九〇年四月二十日付の『ソビエツカヤ・ベラルーシ』紙に発表された地図によると、〇・一キュリー／平方キロメートルを越す汚染区域は、チェルノブイリから三〇キロメートルの最初の住民避難地区にほとんど限られている。三〇キロメートル以上の場所としては、この地区とポリエスコエの間の小地域があり、ここでは、住民避難は一九八九年夏まで行なわれなかった。これらの地域以外でも、汚染が全くないのではない。とくに、プルトニウム元素を含んだ高放射能粒子の問題がある。

ホットパーティクル（高放射性粒子）

炉心の爆発とグラファイト火災（温度は、摂氏二五〇〇―三五〇〇度に達する）により、希ガスと揮発性の放射性元素（沃素、セシウム、テルルなど）が放出されるが、この他に、飛び散った核燃料の断片である、いわゆる高放射性粒子と呼ばれる、高放射能を帯びた塵が放出される。この高放射性粒子の組成は、酸化ウラニウムを主成分とし、セリウム一四四、ジルコニウム、ニオブ九五、ストロンチウム九〇の他に、アルファ線放射源である超ウラン元素・プルトニウム（プルトニウム二三八、二三九、二四〇）を含んでいる。他方、高温により揮発した放射性元素が再凝縮してできた高放射性粒子は、アルファ線放射源を含まない。高放射性粒子の大きさは一ミクロンから一〇ミクロンであるが、一〇〇ミクロンに及ぶものも存在する。

ベラルーシ全体で、この高放射性粒子が見つかっていることが報告されている（ブタペストのケレケス教授）。ベラルーシの、三つの多角形の形をした汚染地区で研究したペロリャエフ（ミンスク）も、このことを確認している。ゴメリ南方では、高放射性粒子の数は一平方センチメートル当たり、一―一〇個程度である。生体にとっては、高放射性粒子のうちでも、特にアルファ線を放出する元素（別名トランスウラニウム元素）を含む粒子を呼吸により吸入摂取した場合の危険性は未曽有の大問題である。

ペトリャーエフが行なった解剖所見では、肺組織に高放射性粒子が存在している場合が七〇％に及んでいる(51)。

独立以前の諸共和国の住民保護対策案

ベラルーシ

ベラルーシ議会はチェルノブイリ事故により災害を蒙った人々を援助するための緊急措置を講じており、一九九〇年七月のベラルーシ議会にM・ゴルバチョフを招聘した。ゴルバチョフはやって来なかったので、ベラルーシの人々はたいへん落胆した。その上に、高汚染地域の除染と住民避難のために最低一七〇億ルーブルが必要であったのに、中央政府は三〇億ルーブルしか支出しなかった。

ゴルバチョフは一九九一年二月、問題に対処しようとあらためて努力をしている。二月二十六日、ベラルーシ議会に呼びかけ、チェルノブイリ事故によって不利益を蒙った市民を社会的に保護する法律が制定されようとしていると述べ、「チェルノブイリ事故の対策措置に参加した人々と、汚染地区に居住する住民の物質損害と社会的生活基盤を補償するために最大限の努力がなされよう」と述べた。

チェルノブイリ災害に対して諸共和国政府のした努力を辿ろう。「チェルノブイリ災害の結果を清算する国家的措置を加速するためのベラルーシ最高ソヴィエトの決定」が一九九〇年七月末にされ、これが一九九〇年八月四日付の『ソビエツカヤ・ベラルーシ』紙に発表された。その前文には、「社会主義ソビエト・ベラルーシ共和国は、災害国家であることを宣言する。ウクライナ最高ソビエトは、チェルノブイリ原子力発電所を遅くとも一九九二年には閉鎖するように、ソ連政府に対して要求しているが、ベラルーシ共和国はこの要求を支持する」と述べている。文章は読みづらい官僚文なので、表題ごとにこの「決定書」をまとめて、読み易さを図り、これを以下に記す。

1　住民避難

汚染地区の住民避難とこれに関連した問題の解決に関してベラルーシ閣議は、報奨金、免税などによる措置を策定し、これに多数の者が参加できる方策を設けるために、国民の資産と産業力を流動化する権限を持つ（モスクワ省庁の権限とは独立に）。地方ソビエトは、住民避難に関連した問題の解決のために特別の力を備えた市委員会を作らねばならぬ。一九九〇―一九九一年に建設される家屋の二〇％は、汚染地区の避難者に割り当てられ、建設をする各種機関がこのことにより蒙った損失は一九九二年に補償される。

一五キュリー／平方キロメートル以上の汚染区域住民は一九九一年中に避難を終わり、一万五〇〇〇戸のアパートの建設のために一九九一年の借入金を調達せねばならない。一万五〇〇〇戸のうち、六〇〇〇戸はミンスクに建設する。ミンスクへの避難は、ミンスクにその子供が永住している退職者、傷痍軍人及びこれを世話する家族、家族なしの老人とする。

2　農産物

食品の放射能汚染を管理する公的機関を、郡の機関とは独立に設立せねばならない。

農業地域の表面汚染とは関係なく、汚染が許容水準を越える食品の生産は一九九一年中に禁止すること。現状では周期的監視区域以下の一―五キュリー/平方キロメートルの汚染区域で、牛乳生産が続行されており、これが食品規制基準以上の強汚染を示す場合もある。

汚染地区の農産物利用は、農業科学アカデミーの保健委員会の許可がないものは、一九九〇年以降は禁止する。

農地の放射性元素による汚染の詳しい研究を一九九〇―一九九一年に行なうこと。非汚染農産物を生産できない土地を農業から除外すること。

牛肉一〇万トンと、牛乳製品六五万トンの一九九〇年の生産計画を減少すること（ベラルーシ共和国から、ロシア及びその他の共和国の中央機関に供給する生産物の減少が問題になっている）。

3　工業生産

トラック、自動車、その部品等の生産計画を縮小する。これらの生産原料は汚染地域に送られなければならない。

生産者の受ける損失は、チェルノブイリ災害を清算するために認められた財政措置により補償される。

共和国政府と最高ソビエト委員会は、チェルノブイリ災害を清算するために行なわれる事業の免税措置を講ずる。

4　一―五キュリー／平方キロメートルの汚染区域

ベラルーシのこの汚染範囲の区域には一八〇万人が居住している。この区域に居住する住民には、一人当たり月額一五ルーブルの特別金が一九九〇年八月一日より支給される。

一キュリー／平方キロメートル以上の汚染区域に居住する住民の保護と正常生活の保障のために従事する医師、看護婦、学校教師、警察官、その他の専門職には特別に物質的優遇措置を講ずること。

5　保健保護

住民を放射線から保護するための国立委員会を設立すること。

・放射性廃棄物と放射能汚染した動物の死体を地下に埋める任務を担う作業委員会を作る。
・チェルノブイリ災害の結果として起こり得る遺伝的影響を防護する計画を立てること。
・住民のビタミン、薬品に対する要求に応えるためあらゆる措置を講ずること。

・「チェルノブイリの子供達」の社会保護のための特別措置を講ずること。
・放射能汚染を受けた住民が保養を行なうために、サナトリウム、保養所の使用について、組合連合、共産主義青年同盟との間に合意書を交わすこと。

6　情報

人体に及ぼす放射線の影響と、汚染区域での行動規制を学習するプログラムを諸学校、工業高校、大学に導入すること。

放射能汚染の状況とその影響について、閣僚とソビエト代表は住民にあらゆる情報を提供すること。

共和国政府はこのために週刊情報誌を発行・配布すること。

7　中央政府と共和国政府の（緊張）関係

・ソビエト中央政府がチェルノブイリ災害の清算のための援助物資を、共和国政府に提供するのを遅らせるならば、ベラルーシ政府はソ連の予算のために税金を支払うことを停止する。
・ソビエト中央政府がチェルノブイリ災害に対処するための共和国措置を妨げる場合には、ソビエト中央政府の行政措置の共和国内での適用を停止する権限を共和国閣僚会議は持つものとする。
・共和国閣僚会議はチェルノブイリ災害による共和国の財政的損失を見積るための特別委員会を設

置する権限を持つ。

・チェルノブイリ災害に基づく経済損失の補償をソ連政府に求めるためのベラルーシ共和国の経済至上権の概念を設けること。

・ソ連の原子力省が九〇四号通帳に入金した資金の払い戻しを要求すること（チェルノブイリ事故の後、ソ連で行なわれた募金基金は放射能汚染を受け、損害を蒙った個人に分配される代わりに、チェルノブイリ原発の清掃事業に当てられたのではないかと、用途不明を究明する声があがっていた。この問題に関係があるのかどうか、著者には不明である）。

・汚染農業地区の損失補償として、農地改良と農業技術の改良を実行するため、第八回五カ年計画において二五億ルーブルを要求する。このうち、一八億ルーブルは以下のものの建設に当てる。

ベラルーシ最高ソビエト会議の決定はおおよそ以上のような項目からなるのであるが、これがメディアを通じた宣伝文句に過ぎないのは明らかである。共和国政府の決定がどのように具体的に適用されるのかが全く明らかでないからである。その上に、ソ連中央政府が消失した今となっては、この「決定書」のほとんどの条項の意味が消失してしまった。

ウクライナ

放射能汚染を受けた地域の現状に関して一九九一年一月に立案され、一九九一年二月に可決されたウクライナ議会による法律を見よう。

チェルノブイリ事故の結果汚染を蒙ったウクライナ共和国の汚染区域とは、環境の汚染が次のような地域のことである。

[汚染地域の定義]

セシウムによる汚染　一・〇キュリー／平方キロメートル以上

ストロンチウムによる汚染　〇・一五キュリー／平方キロメートル以上

プルトニウムによる汚染　〇・〇一キュリー／平方キロメートル以上

この値まで汚染を蒙った区域では、その場所に居住する個人の放射線被曝量が事故以前の同地区の自然放射線量〇・一レム／年（一ミリシーベルト／年）を越え、通常生活状態において人々の生活と健康に害を生じ、非汚染生産物の生産のための農業と工業活動に支障を生じる。この区域では、事故の影響に対して特別な対策を要する。

[区域の分類]

最初の住民避難が一九八六年に行なわれた区域を別として、次の区域を分類する。

一、無条件住民避難が必要な区域

二、暫時住民避難が必要な区域

三、放射線管理区域

四、対策の必要のない区域（非汚染区域と考える）

1　無条件住民避難が必要な区域

a　定義

この区域は、半減期の長い放射線核種により次の基準まで汚染された区域のことである。

セシウム一三七の汚染が一五キュリー／平方キロメートル以上

ストロンチウム九〇の汚染が一キュリー／平方キロメートル以上

プルトニウムの汚染が〇・一キュリー／平方キロメートル以上

この地域の個人被曝量は〇・五レム／年（五ミリシーベルト／年）を越える（一章二条）。

「この区域は危険地域であり、住民の常時居住は不可能である。また、この地域では、共和国の基準を満足する農産物を生産することはできない。この地域は農業禁止地域とし、土地所有者、耕作者の土地は没収される」（一章三条）。

b　この区域、および一九八六年の住民避難区域

「この二種の区域に関する法制化の目的は、放射線核種がこの地区から外に出ないような措置を講じ、この地域で行なわれる活動に参加する人々の個人被曝量、および集団被曝量を制限することである」（二章一〇条）

c　禁止項目

・住民が定住すること。
・販売目的の生産物を得るための経済活動をすること。
・許可無しに立ち入ること。
・土壌、粘土、砂、泥炭、木材、動物飼料のための農産物、薬草、きのこ、森林の野生果物をこの地域から外へ搬出すること。科学研究のための資料は除外する。
・車両、道具、建材、家庭用機器などを放射線管理者の特別許可をあらかじめ得ずに、この地域から外に搬出すること。
・家畜の放牧、自然環境に変化を及ぼすこと、狩猟と釣り（スポーツも含めて）、水路による木材輸送、あらゆる手段でのこの地域の通過。この地域に立ち入る場合は特別許可を受ける必要がある。その時には検問所を必ず通過すること。
・放射線防護の原則に反するすべての活動（二章一二条）。

2　暫時住民避難の必要な区域

a　定義

「この区域は、セシウム一三七による汚染が五―一五キュリー／平方キロメートルであり、個人の被曝量が〇・一レム／年（一ミリシーベルト／年）以上の区域である」（一章二条）。

b　土地利用

この区域は住民避難が将来行なわれることになっている、汚染された区域である。この区域の土地利用はウクライナ閣僚会議により法制化されている。経済的、環境的動機から、この土地利用が不可能な場合にも、この土地は放射線の観点から危険な区域であると見なされる。この土地の所有者、耕作者が、生産物の放射能汚染を低下させる対策を講じたにもかかわらず、生産物の放射線が基準を合格しなければ、彼らは生産物に対する補償を要求する権利を持つ。

c　この区域での禁止活動

・放射線環境と住民の放射線防護に直接関連していない新しい事業の建設、既存の事業の拡大と再建。

・放射性生産物の輸送と副次移動を誘導するあらゆる活動（三章一六条）。

d　暫時住民避難が決まっている区域住民の健康保護対策

この区域に居住する住民の、放射線による発病の危険性を低下させるために、住民避難を段階的に行なう。このための費用は補償する。

・自給生産から非汚染食品を入手する体制への切り替えを推奨する。
・土壌、水、空気、食品生産物、森林食物、木、化学製品のための原料、居住地、および企業の放射能汚染に関する常時監視を行なう。
・すべての薬品、非汚染食品、放射性物質の体外排出作用のある物質を、住民に充分供給するあらゆる措置を講ずる。
・骨髄病やその他のすべての病気を早期発見するための、全住民の年一回の健康診断を無料診療所で行なう。
・この区域の住民は「チェルノブイリ災害を蒙った市民のための法令」によって、特権と補償が付与される。関連した他の法令も審議中である（三章一七条）。

3　放射線監視区域

a　定義

セシウム一三七による汚染が一―五キュリー／平方キロメートルであり、事故以前の自然放射線と医療用放射線以外の、余分の汚染による被曝が〇・一レム／年を越さない区域である。

b　この土地でなされる強制的な措置

住民の定期健康診断と以下の衛生予防措置が行なわれる。

・農産物の系統的な放射線管理
・水、土壌、空気の汚染監視
・農産物の放射性元素の濃度を低下させるための、農芸化学、農業技術に関連した一連の対策（四章二〇条）

c　禁止活動

環境に有害な影響を持つ新事業の建設、事業の拡張および再建。有害な影響を軽減する目的を持つ事業は除外する。
・放射能汚染の水準を高めるすべての活動（四章二〇条）。

4　特別な対策の必要のない区域

セシウム、ストロンチウム、プルトニウムによる放射線汚染が、おのおの一キュリー／平方キロメートル、〇・一五キュリー／平方キロメートル、〇・〇一キュリー／平方キロメートル以下の区域のことである。この土地では放射線に関する制限を設けることはなく、特別な対策を必要とせず、居住し耕作してよい土地である（一章二条）。

この法律の五章は、汚染地域の行政管理（地方ソビエト、国家機構などの役割）に当てられている。

地域の放射線監視、技術工事、工事の采配はウクライナ水気象局に、土壌問題は農業省に割り振られている。また、車両の汚染監視、立入禁止区域と緊急避難の必要な区域からの車両移動の許可はウクライナ内務省に、住民避難区域からの建設機材搬出、家具搬出の許可に関する決定はウクライナ共和国の「チェルノブイリ事故による被害から住民を保護する政府委員会」に割り振られている（これらは、放射能汚染の二次的な拡散を防ぐためである）。

ロシア共和国

すでに述べたように、ロシア連邦共和国政府は放射能汚染が共和国内の住民に影響を与えたことを、長期にわたって否定した。しかし、一九八九年十月、獣医と医師達が、健康問題についての注意を喚起するルポルタージュを発表した。一九九〇年二月、レーニングラードの放射線研究所（所長は国際放射線防護委員のラムザイエフ氏）は、この問題は住民が野菜を食べなくなったために生じたビタミン欠乏症であり、放射線恐怖症なのである、と応えた。

動物は放射線恐怖症にはならないので、動物の妊娠率（流産率も含めて）、死亡率、出生時の奇形などに関する獣医達の調査結果は、放射線の生体に及ぼす影響を知るためには重要な役割がある。ラムザイエフ氏はそれでも平気な様子であった。ロシア共和国でも、「チェルノブイリ災害の影響を除去する一九九〇―一九九五年計画についてのソビエト最高会議の動議」が一九九一年十一月に決定され、これに従って、「チェルノブイリ事故の情報隠しが、ロシア連邦の数カ所の地域において行なわれたことについて、また、一九八六―一九九〇年にわたって、災害の結果を除去するための必要な活動をせず、また、誤った活動をしたことについて、関係責任者に報告させる任務を持つ」調査委員会の設立が決定された（一条）。

また、「時間が取り返すすべもなく過ぎてしまい、多くの問題、とりわけ、健康に危険のある地域に居住する住民避難（ブリアンスク行政地区のみでも約一一万人となる）が正当な理由もなく、遅らされ、また、これらの住民は非汚染食品を充分供給されておらず、医療や諸手当も満足なものではなかった」ことが、「動議」には記されている。

必要な対策を講じるのが遅れたために、汚染地区では社会的緊張が生じ、一部の住民は中央政府や、地方政府に対し不信を表明した。

一五キュリー／平方キロメートル以上の汚染区域の住民避難を一九九五年まで延長することは不当であり、議会は、非汚染区域への住民避難と入植は遅くとも一九九一年にされることを、要求する。

若い世代に対する不幸な影響をできるだけ軽減するために、〝チェルノブイリの子供達〟という名称の子供に対する特別措置や、〝チェルノブイリの悲劇を蒙った市民の権利について〟という名称の住民救済の特別法が制定されるべきである（四条）。

汚染農産物や汚染肉類は廃棄されるべきである。また、閣僚会議は、汚染地域を他の目的に使って経済活動を再開させる可能性を検討するべきである（五条）。

以上は、一九九〇年十一月二日付の『ソビエツカヤ・ロシア』紙からの要約である。しかし、その後起きた政変の結果、これらの「動議」や主張はすべて霧散してしてしまったに違いない……。

許容線量基準の策定に向けて

一九八九年十月以来、ベラルーシ議会が住民避難計画を立てていることはすでに述べた。この計画はソビエト中央政府の承認を得なければならない。また、食品の汚染基準は、ソ連全体の問題である。各共和国がばらばらの仕方で（アルメニアでは牛乳を、グルジアでは紅茶をという具合いに）食品の一部を検査しているだけならば、全体として食品基準が結局どのような効力を持っているのか分からない。住民避難の目安となる汚染基準や、食品の汚染基準が諸共和国で異なるのを放置するのは得策ではない。L・イリン教授が率いるソビエト放射線防護委員会は、一九八八年以来中期間の放射線管理のために、避難のため統一した基準、汚染地域の統一した生活条件を定め、法制化する必要を予見していた。ここに許容線量基準を設けようとする考えが登場する。[39]

「許容限界線量」という考え

これ以下の被曝量ならば、人体に対する影響は皆無であるという被曝量のしきい値が存在しないということは専門家により国際的に認められている。この点に関して、国際放射線防護委員会の最新の勧告[52]は明瞭である（CIPR出版物六〇の二一、六二、六八、六九、一〇〇項）。勧告の一〇〇項は「しきい値の存在を認めることができないので、癌と遺伝障害の確率的影響を完全に避けることは不可能である」と述べている。ここに、放射線防護の性格を明らかにして、勧告は「障害を避ける目的は科学的な考えのみで達成することはできない」（一五項）こと、「許容限界線量は必然的に従属的な性格を持つ」（一五〇項）こと、「しきい値の存在しない以上、許容限界線量の選択は健康のみを考慮したのではない」（一二三項）ことを述べる。

すなわち、「許容限界線量」の選択は、必然的に社会的、経済的な要因と健康の要因との妥協であり、許容限界線量以内でも、ある程度の損害、すなわち、総人口のうちで一定数の放射能汚染による癌死者の発生を許容しているのである[53]。

避難の目安「七十年間で三五レム」

避難するか、その場所で居住を続けるかを決めるのは、七十年間で三五レムを基準とする。一九九〇年一月一日以降、ソ連ではこの基準が法的な力を持っている（法的な力が意味するものは具体的には不明である）。この基準の定める被曝量は一九八六年以降、人間の平均寿命七十年間にわたる被曝量のことである。保健責任者は、これ以内の被曝量ならば、住民にとって許容できると判断したのである。三五レムを越えると避難せねばならない。ソビエト放射線防護委員会委員長イリン教授はこの基準について次のように述べる。「三五レムというのは、これを越すと健康上影響が現われるという被曝量ではなく、決断の基準なのである」（すなわち、費用と利益のバランスを考えた上での）。この基準のための計算を行なった中央責任者は、四〇キュリー／平方キロメートル以下の土壌汚染の地域で生活する住民は生涯被曝量三五レムを越えないと主張する。しかし、土壌から植物への放射性元素の移行や牛乳の汚染水準は、その地方の生活様式によって変化する。だから、表面土壌汚染の条件のみを考慮して、単一の基準を決めるのは合理的とは言えない。イリンの考えは次のような簡単な避難の基準を与える。ある場所で住民の一生に受ける被曝量合計が三五レムを越すならば（農業関連の汚染除去のための労働などを考慮して）、避難が決定される。それ以下ならば、住民は普通の生活に戻り、その地方の食品汚染の基準は廃止する。

こうすると、一九八九年十二月三十一日には汚染されていた牛乳が、一九九〇年一月一日には汚染なしとなり、食用に供されるという場合も起こり得る。

イリン教授は、七十年間三五レムという基準値（平均して一年に〇・五レム）は、国際勧告値に合致するものであることを強調した。

モスクワの専門家とベラルーシの科学者の間の意見の不一致が一九八九年三月の議論以来明らかとなった。「七十年間三五レム」のための特別会議が七月初め、ミンスクのベラルーシ科学アカデミーで行なわれた。この会議には、世界保健機関の三人の代表が招待された。この会議報告は一九八九年七月二日付の『ソビエツカヤ・ベラルーシ』紙に掲載されている。

ベラルーシの科学者の立場

ベラルーシ科学者は、非汚染食品を得ることが出来ない場所では住民は生活すべきでないと主張する。ベラルーシ科学アカデミー副総裁A・V・ステパネンコは、住民は汚染状況とその危険に関するすべての情報を与えられ、避難を選択する必要がある、と述べる。

イリン教授が主張する国際勧告基準についてベラルーシ科学者は、国際放射線防護委員会（CIPR）により勧告された被曝量は、七十年間では三五レムではなく七レムになると指摘する。この指摘は正しい。CIPRは年間被曝限界値を以前は〇・五レムとしていたが、一九八五年のパリ宣言以来、〇・一レムに更新しているからである。また、生涯にわたって平均して、年間〇・一レムを越えないという条件のもとに、数年間のみにわたって年間〇・五レムという補助限界値を用いることも許されている。しかし、七十年間にわたる総被曝限界値は七レムであり、これが新しいCIPRの勧告であるとベラルーシ科学者は言うのである。世界保健機関も一九八七年十一月の専門家会議で同じ年間被曝制限値〇・一レムを採用している(54)（なお、一九九〇年十一月のCIPRの新勧告〔CIPR六〇〕でも、五年間で〇・五レムという被曝限界値を採用している）。

被曝限界値は危険と危険なしの限界を決めるものではない（CIPR六〇の一二四項）ということを、もう一度述べておこう。

また、ベラルーシ科学者は、大人、妊婦、子供、病人に対して同じ被曝限界値を定めるのは、全く無意味であると指摘している。このことも、CIPR勧告の原則に沿ったものである。

さらに、ある科学者は次のように述べている。

イリン教授は放射線の影響がすべて解っているとしているが、一九八六年以来の観測事実の結果、放射線の影響は、専門家が考えていたものよりもずっと複雑であることが解った。また、次の諸点も考慮されるべきであろう。

・放射性元素と、他の化学汚染物質、殺虫剤、窒素化合物などとの複合効果があるかも知れない。

・イリン教授はセシウム汚染のみを考慮しているが、ストロンチウム、プルトニウム、さらに、高放射性粒子の影響はどうなるのか?

・遺伝負荷が大きくなり、脅かされていること。

世界保健機関の専門家の立場

一九八九年七月二日付の『ソビエツカヤ・ベラルーシ』紙によると、世界保健機関（OMS）はソ連政府の要請に応えて、チェルノブイリ事故による高放射能汚染地域で生活する住民の放射線防護基準の適用可能性を調査するため専門家を派遣した。代表団はP・ペルラン教授、OMSの放射線問題特別委員P・J・ワイト博士、現CIPR総裁、かつ、アルゼンチンの原子力エネルギー責任者の一人D・ベニンソン博士の三人であった。

この三人の専門家は、七十年三五レムの基準は控えめの用心深いものであり、この程度の被曝による健康のリスクは生涯にわたる他のリスクと比べて大きなものではないと断言した。また、彼らは、三五レム以上の被曝では放射線と他の因子の複合障害は起こらないとし、さらに、住民にさしたるリスクを及ぼさない放射線被曝の限界値を求められれば、三五レムの二―三倍の値が適当であろうと述べた。

チェルノブイリ事故の影響を清算するベラルーシ委員会委員長で閣僚でもあるB・G・エフトゥクは、ベラルーシ・ソビエトの第一一回議会の一九八九年七月二十八日の演説で、生涯三五レムの被曝は危険がないと代議士に説得するために、「三五レムの二―三倍」の説を大いに援用した。

フランスの厚生省高官ペルラン教授は、フランス法により制定された限界値の二―三倍大きな基準を、ソ連で公に勧告したのである。フランスでは最大被曝量は一九八八年四月十八日付の法典八八―五二一号の一七項により、依然として一年に〇・五レムと定められている。それゆえ、ペルラン教授の勧告値は、国際放射線防護委員会の一九八五年以来の勧告値に比べれば、十―十五倍大きい。

多数の住民の健康問題が脅かされているときに、OMSの代表団が行なった避難基準についての勧告はきわめて無責任であり、残念であった。また、そのような勧告を行なったペルラン教授は、それが外国で行なわれたとは言え、フランス法に違反した可能性がある。著者は、このことに関して無関心や沈黙を守り、これを放置することはできないと考えるに至った。同じ意見を持つグループで話し合いを行なった結果、ペルラン教授の発言を問いただすために、五団体の署名の質問状を厚生大臣に送ることに合意した。注55に、保健大臣宛の質問抗議状の全文を引用しているので、読んで頂きたい。しかし、未だに、厚生大臣からの回答は受け取っていない。

恐るべき正常化案

避難を決めるための生涯三五レムという基準には、一方では、ベラルーシとウクライナの科学者から、他方では、ソ連の科学アカデミーの高官から、強い反対の声が上がった。前者はこの基準ではあまりにも制約が弱すぎるとし、後者はあまりにも制約が強すぎるという。イリン教授は一九八九年九月十四日、九二名の科学者の署名とともにゴルバチョフに対して請願を行なうに至る。まず、生涯七レムの考えを否定する主な理由として、「生涯七レム、あるいは、一〇レムという被曝量ならば、常時監視区域の主な所では既に受けてしまったか、もうすぐ受けることになる被曝量であるからである」という。さらに彼は、「もしこの値を基準とすると、一〇〇万人近い人々の避難が必要になろう」という。アカデミー会員S・ベリャーエフを長とする委員会がこの文書の検討を命ぜられる。

チェルノブイリ事故の影響を除去する委員会委員長グバーノフがノーボスチ通信社に対して行なったインタビューによると（ソビエト情報局公報一九九一年四月）、二年間で一四万四〇〇〇人を避難させる提案がなされていた。四〇キュリー／平方キロメートル以上の汚染区域のすべての住民、及

び これ以下の汚染区域においては、子供、妊婦、または、健康を害している者のいる家族のうち、移住を希望する家族を対象としている。生涯七レムの基準が採用された場合、一〇〇万人の避難が必要なことと比べれば、避難者数は大変に軽減する。

チェルノブイリ事故の影響を受けた地域の生活条件について、ソビエト中央政府の新しい「考え方」が、フランスとソビエトの原子力協会による「未来エネルギーと原子力事故に関するパリ会議」（一九九一年四月十五―十七日）において示された。これは、あっと驚く、恐るべき案であった。この案は、科学アカデミー会員S・べリャーエフを議長とする作業グループにより作成され、一九九一年五月に採用された。

一九九〇年一月一日以来、事故対策措置が必要となる基準として、生涯被曝三五レムを目安にすることになったのであるが、新しい「考え方」では、今までの被曝量はすでに済んでしまったことであり、どうしようもないので、これは白紙に還元して、三五レムというのは現在以降の被曝量だと解釈するのである。

事故以来現在までの事故による被曝量と、現在以降の事故による被曝量を比較すれば、もちろん、前者の方が後者よりずっと大きい。それゆえ、新しい「考え方」をすれば、今後、被曝量が三五レムの限度を越えることは起こり得ないし、従って、被曝量基準を増加させる必要も起こらないのだ。これが、イリンらの新しい「考え方」なのである。

住民の被曝量を減少するためになされた対策が有効であったので、大量の強制的避難は一九九〇

—一九九二年に予定されているもの、進行中のもの以外には必要ではなくなったのだ。現在までに行なわれた対策措置は大成功であったのだ。

短期の緊急対策措置は終了したのだ。そして、緊急対策処置を必要としない区域で、日常生活を過ごすための長期の被曝予防対策は、結局のところ、何の制限も必要がなくなったのだ。

対策措置以下の汚染（〇・一レム／年以下）

その土地ごとの自然の、人類学的に受け入れられている放射線量に比べて、チェルノブイリ事故の降下物によって住民が受ける過剰放射線量の許容量は〇・一レム／年（一九九一年以降）とすることが決められた。S・ベリャーエフを議長とするグループの、一九九一年四月のパリの文書によると、「〇・一レム／年以下の被曝については、住民の生活、労働条件は特に制限がない。ソ連の非汚染地と同じ健康、衛生措置がとられる」と述べられている。

対策措置が必要な汚染（〇・五レム／年）までの中間的汚染

「〇・一レム／年を超過する汚染に対して、以下の措置をとる。

—必要が判明すれば、環境と食品の放射線監視

—空気、水、土壌の放射能汚染を減少させる対策、除染

—農産物の放射能汚染を減少させる除染対策

—Ｘ線などの放射線診察による医療被曝の減少

これらの保護措置は被曝量と汚染を軽減させ、また、日常生活と生命活動の枷となる制限を緩和させるのに役立つ」。

これらの措置について寸言を加えずにはおれない。〇・五レム／年までの汚染は問題がないという以上、何を基準に監視を行なうのか？　土壌汚染除去の失敗は当局が認めているではないか？　農産物の放射線減少対策は特別の場合しか有効ではない。屠殺に先立ち牛に非汚染食品を食べさせると、牛肉の除染には有効であるが、これは実験室の話である。住民が放射線恐怖症のためにＸ線診断を受けたがらず、このため結核が増加したと言っていたこともある。勝手な言い分である。

「被曝量を白紙の戻す」政策は、もちろん、諸共和国の決定にも矛盾したものである。ソ連政治の混乱の内にあって、事態がどの様に進展するのか、見当のつかないのが現状である。

石棺

二回の爆発が原子炉を破壊した。最初の爆発はＴＮＴ火薬二五〇キログラムに相当しており[56]、二回目の爆発は水素爆発であった。炉の内部構造は破壊され、溶融炉心は裸になった。緊急対策として大量の砂、粘土（濾過剤として）、硼化物（新たな爆発を防ぐ中性子吸収剤として）、ドロマイト（炭酸カルシウム、エネルギー吸収剤として）と鉛（接着物質として）を投入して、炉心を覆った。原子炉の直下が専門家の心配事となった。[57] 炉心と投入した物質が溶融し、これがセメントの床をうがち、原子炉直下の水槽に落下する心配があった。そうなれば、水蒸気爆発が起こる！　これを避けるために、原子炉の地下で犠牲的な突貫工事が行なわれた。こうして緊急対策は終わった。やがて、廃物となった原子炉の周りに、間口一〇〇メートル、奥行き二〇〇メートル、高さ五〇メートルの石棺がめぐらされた。

石棺の建設に当たった作業者の放射線被曝は大量であったと思われ、当局の発表値は信じることが出来ない。巨大な作業は賞賛に値するものであり、これが完成し、特別チームが石棺の頂上に赤旗を立てたとき、地上から拍手がわき起こった。[58]

この石棺は原子炉炉心を確実に、長期間にわたって閉じ込めるはずであった。現地の緊急技術対策の長であったレガソフは、一九八七年に「この石棺はいつまで存在するのか？」と質問を受け、「原則として、数百年間にわたって存在するでしょう。必要があれば、子孫がこの内容物を移動し、これを無害化する手段を見つけることを期待したい」と述べている。のち、専門家達は少し控えめになり、この耐用年数を三十年と見積った。しかし現在、モスクワのクルチャトフ研究所のアレクサンドル・ボロボイは、もし新たな対策を講じなければ、放射線を帯びた塵埃が三―七年の内には大量に放出されるだろうと言う。[59]

この石棺は気密ではなく、穴だらけであり（一四〇カ所程度）、このうちの最大の穴は、一〇平方メートルの大きさである。科学者は、廃炉の内部探索に、この穴を使っている。ロボットはエレクトロニクスが放射線に弱いため役立たないことが判明したので、ある種の作業には人が当たっている。

現在も内部からの発熱が相当なので、換気が必要である。内部の空気を塵埃回収の濾過装置を通して、外部に放出している[60]。

石棺の現状は、ソビエト科学者の心配事である。彼らは、西側科学者の応援を要請している。熱と放射線のために、（一〇〇〇平方メートルの表面面積にわたり）セメントが分解し、割れ目が現われている。最初、レガソフは大いに喜んだのだが、その後、石棺という語は象徴となり、その役目を果たしていないことが判明している。ラテン語の語源では、石棺（サクロファージュ）とは「火葬に処さない死体を侵食すると信じられた古代の墓石」（『プティ・ロベール』より）を意味する。チェルノブイリでは、死体が墓石を侵食しているのだ。

いろいろの危険性がある。もし、水害が起こったならば、埋められた放射性元素は掘り返されて流出するだろう。この地方では、水害は五年か十年に一度の割合で起こっている[61]。

石棺自身には次の危険性がある。石棺の屋根は、破壊された原子炉の換気枠を支えとする梁の上に作られている。これはしっかりしておらず、いつまで支えていられるのか保障の限りではない。また、原子炉の蓋が崩壊する危険性もある。これは二〇〇〇トンの重量があり、事故の最初の爆発に持ち上がり、現在でも縦向けになったままである。この蓋の姿勢がいつまで続くのかも判らない。

これが倒れれば、大量の埃が舞い上がり、これが空中に放出されるであろう。また、蓋が炉心の残骸の上に落ちれば、炉心の配置が変化しよう。炉心の配置次第では、再度爆発に達することも起こらないとは言えまい。このような可能性は、専門家は小さいとしているが……。

以上、なんらかの対策を講じる必要があるのは、すべてが認めるところなのであるが、良い解決策がいまだに現われていないのである。

二つの奇案が記載されている。

一、緑の丘案：石棺の上にセメントを流して、その上をさらに草で覆ってしまう。しかし、換気冷却を考慮しなければ、重大な結果を生むことになる。

二、緑の芝生案：原子炉を完全解体し、放射線を除去し、他の安全な場所に撤去する。あとは平地にして、芝生を植える。これは机上の空論である。そのような技術は存在しないし、費用は莫大となろう。

石棺内をプラスチック材で満たす案もあるが、熱と放射線に耐える材料がない。石棺を第二の石棺で覆う案が、より現実的であろう。第二の石棺も絶対なものでなくても構わない。ロシア人形*のように、何重にもこれを重ねるのも案となるかも知れない。

*訳注　ロシアの木製の民族人形マトリョーシカを開くとその中に寸法の異なる相似形の人形が何重にも重なっている。

ジョルゲイ・シュラバロ教授は一九九一年ヘルシンキで石棺問題の国際セミナーを主催したが、その席上、「ソ連の最高ソビエトは、チェルノブイリ四号原子炉の問題（その結果はソ連以外にも及ぶことになる）を解決するための国際コンクールを企画することに合意している。有効な解決策の提案者には、社会からの感謝と財政的報酬が与えられる」と宣言した。コンクールの勝者に与えられる賞金額については、記載がない。

第三章　チェルノブイリ災害評価報告の試み

一九九一年五月――AIEAにとってチェルノブイリ事故はすでに決裁済みである

国際原子力機関（AIEA）の役割は、チェルノブイリ事故の当初から、人心の動揺を静め、ソビエト中央政府を支持しようとするものであった。これは、世界の原子力を推進しようとするAIEAの目的に適っている。原子力を問い直す気運が起きたりしないかと心配したAIEAの専門家は、チェルノブイリ事故は特に大事故ではなかった、とするために活動を始めた。この原子力推進の機関が、他方では、事故による健康評価をも受け持っていることに、不思議さを感じ、矛盾を見る人は少ない。

AIEAの行なう諸活動には、限界がつきものであることを明らかにする事件が他にもあった。

例えば、湾岸危機である。イラクが核兵器開発の能力を持っているのではないかとする不安があった。しかし、ＡＩＥＡの査察官は、数日間にわたるイラクの原子力施設の定常査察を行ない、疑わしいものはなかった、との談話を一九九〇年四月十二日に発表している。[62] 一九九〇年八月、イラクのクウェート侵攻後も、ＡＩＥＡは新たな核査察は検討しないと表明した。ＡＩＥＡの核査察は、核拡散防止条約の署名国が宣言する施設のみを対象としている（イラクは署名国の一つである）。英国を含む四カ国が、イラクの原子力施設の予告なしの特別査察を行なうようにＡＩＥＡに要求した（フランスは条約非署名国である）。条約は予告なしの査察を認めているが、ＡＩＥＡはこれを行なったことがなく、イラクに対してもこれを行なうつもりはないと表明している。[63] しかし、不安な状況があったことは確実であった。湾岸戦争終結後、アメリカがＡＩＥＡを使って、この措置に踏み切った。アメリカ中央情報局（ＣＩＡ）がＡＩＥＡにどこで何を捜すのかを指示し、ＡＩＥＡの専門家は誰にとっても既に秘密でなくなった事実を発見しただけであった。この事件は、ＡＩＥＡが独立した、自らの判断を持つ機関ではないことを示すものであった。そして同時に原子力技術の購入が核兵器の生産に転用されうる可能性があり、国際的な原子力産業の発展を脅かすものであることを示すものでもあった

ソ連政府は一九八九年十月、汚染地域の管理方針と住民の健康保護処置が適正なものであったかどうかを査定するように、ＡＩＥＡに正式に要請した。ＡＩＥＡはウクライナ、ベラルーシ、ロシアについて、国際チームによる放射能汚染状況の再調査を行なうことを提案した。[64] 二一人の国際顧

問委員がこの任務を負い、最終報告を行なうよう委託された。フランスの代表は原子力委員会（CEA）のR・クーロンであった。[65]

この最終報告は一九九一年五月、ウィーンのAIEA会議で発表された。[66] 結論は、放射線による住民の健康に対する影響は皆無とするものであった。この会議に出席していたベラルーシ、ウクライナの代表はこの結論に異議を申し立て、これを批判した。[67]

AIEA報告は、汚染状況の調査は既に行なわれており、全く新しい再調査を行なう必要はない、と述べている。

報告の前文では、ソ連政府が一九八九年六月、世界保健機関（OMS）の協力を得ていることに言及している。OMSの結論は次のようであった。「放射線の影響を熟知しているはずの科学者が、いろいろの生体効果と健康問題を放射線被曝のせいにした。このことは、民衆の心理的抑圧を増加し、ストレスに端を発する健康障害を誘起したばかりでなく、放射線問題をよく理解した専門家に対する信頼を覆した」と。この非難は、住民避難の基準に異議を申し立てたベラルーシとウクライナの科学者に向けられたものであった。

報告の問題点、注目すべき点、矛盾などを列挙しよう。

(1)　結論の冒頭に「放射線に関連した健康問題は存在せず、逆に、存在する健康問題は放射線には関係していない」との聞きなれたテーマ主題が現われる。

(2)　西側専門家が「検討したデータのほとんどは、ソビエト当局の提供したものであり、この公式データには、白血病及び癌の増加を示すものはない」と述べている。ここに、西側専門家の虎の威を借りて、ベラルーシとウクライナの科学者との対立を、有利に導こうとするソ連専門家の意図が見える。

(3) 遺伝的異常について、次の奇妙な記述がある。「ソビエトのデータでは、汚染地域及び非汚染地域で、幼児死亡と死産がかなり高くなっている。この死亡率増加は事故以前からのことであり、現在減少し始めている」と。西側専門家は、ソビエトの統計データはイデオロギーに過ぎず、科学データとして信用できないと、以前から指摘しているのだが、ソビエト当局が収集した医学データの信憑性をAIEAが検討しているようすがない。

(4) なされた測定のうちには、フランス放射線防護中央局(SCPRI)の指導で行なわれたものもある(線量測定と内部被曝)。しかし、フランスでは、今や、ペルラン教授を長とするSCPRIの信用は失墜している。

(5) 事故措置は適正で、国際的に認められている綱領にも合致していた、と述べられている。しかし他方では、安全対策に対する無知、責任者の無能力、災害予防対策の欠如などが指摘されており、矛盾がある。

(6) 住民の長期放射線防護対策は過剰であったと述べられている。しかし、他方では、ソ連当局が環境と健康の問題に関心を持っていないと非難しており、またしても矛盾がある。ソビエトの措置は、住民の不安とストレスを解消するためになされた、と述べられている。しかし、住民は放射線の健康障害には無知であったのであるから、これは事実に反する。

(7) ソ連政府が決めた汚染食品の基準が実際に適用されているのかどうか全く言及されていない。しかし、他方では、ソビエト官僚制は悪名が高く、非能率で、規制力に欠けると非難しているのであるから、これは首尾一貫した態度ではなく、目こぼしである。

(8) 住民避難のために被曝線量を基準にするとき、過去の被曝量を考慮するのは誤っているとする ソ連専門家の「新しい考え方」にお墨付きを与えようとしている。この「考え方」は、一見、論理問題であるかの観がある。一九九一年の住民避難を論ずるにあたり、過去の被曝は既に浴びてしまったものであり、これを減らすことも、その結果としての健康障害を軽減することもできないのだから、一九八六―一九九一年の被曝量を考慮するのは誤りだというのである。しかし、もし住民避難が一九八六年に実行されておれば、現在受けてしまった被曝を避けることが出来たのだ。本来賠償を要求して然るべきであろう。

過去の被曝をご破算にするという考え方はかくて次の二つの利益がある。

a　避難を遅らせた責任者の責任を隠蔽すること。

b　基準値の大幅な緩和をもたらし、財政を助ける。

(9) 地域の除染措置は、適宜、有効であったと、記されている。これは、除染措置が全く効果がなかったことを隠すための婉曲表現と理解しよう。

(10) キエフの水汚染については言及があるが、詳細は述べられていない。原子力災害によって汚染された飲料水を供給した大都会における長期の災害評価を行なうためには、このデータが欠かせないのであるが、一九八六年以来全く情報がない。このデータはソビエト担当者と西側専門家によって、同時にごまかされてしまったのであろうか?

(11) 専門家は、食品汚染の許容限度となる国際基準を規制基準と考えている。正常運転時には、食品汚染はこの基準に達せず、事故時には、この基準は外される。そうではないのだ。食品汚染の規制基準は、放射線汚染の水準を下げるための目安となるべき基準だと理解されなければならない。精神の違いがある。

(12) 住民避難は住民に心理的損害を起こした、と記されている。専門家は、避難させる代わりに、食品汚染基準を緩和するべきであった、と言うのである。そうすれば、住民は健康に対する危険について無知のまま、静かに生活できるというのである。

この報告は、西側の専門家がどのような原則に基づいて災害管理を行なおうとするのかを物語っている。空恐ろしい災害管理である。

癌死亡者数の見積り

「国家や産業が人命に関わるプログラムを遂行しようとすれば、先ず人命の値段を決めなければならぬだろう[68]」

災害の広がりを食い止めるために高線量の被曝を受けた初期の事故対策作業者の急性障害や、汚染地域で生活する住民の罹病率について多くのことが語られた。しかし、これは目に見える氷山の一角に過ぎない。癌と遺伝障害の問題が続くのである。遺伝障害については、確かなデータが不足しているので、ここではこれ以上触れないことにする。しかし、これは無視できないのは確実であり、来るべき世代に確実に影響を及ぼすものである。

チェルノブイリ事故に基づく癌死亡者数を見積るためには、先ず、放射線による癌死亡リスク定数と、次に集団被曝量を知る必要がある。

リスク定数としては、二つのものを考えよう。小さい方の定数は、一九九〇年以来ＣＩＰＲが公式に採用しているもので、これによると、集団被曝量一〇〇万人×レムによって五〇〇〇人の過剰の癌死者が生ずる。大きい方の定数は、原爆による日本人被爆残存者の死亡追跡調査（ＲＥＲＦ報告一九八七年）により計算された補正なしの元の値であり、[69] これによると、集団被曝量一〇〇万人×レムによって一七四〇〇人の過剰の癌死者が生ずる。後者のリスク定数が特別に大きな値なのではない。例えば、マンキューゾ、スチュワート、ニールによる米国・ハンフォードの原子核工場の癌死者の調査では、これよりさらに二―三倍大きな定数を結論している。[70]

1　国連放射線影響科学委員会の公式算定に基づいて

我々は、ソビエトが行なった集団被曝線量についての初期の算定が、どの様に減らされて、国連放射線影響科学委員会（UNSCEAR）の公式算定、六〇〇〇万人×レムとなったかを見た。このうち、五三％がヨーロッパ諸国、三六％がソ連についてのものである。

この集団被曝線量は、次の過剰癌死亡者に相当する。

	ソ連	ソ連以外のヨーロッパ諸国	全世界
CIPR一九九〇	一万八〇〇〇人	一万五九〇〇人	三万人
RERF一九八七	三万七六〇〇人	五万五三〇〇人	一〇万四四〇〇人

レガソフなどによる証言は、責任者達がこのような大災害に直面することを予想もしておらず、放射線防護のための有効な措置はなされなかったことを、明らかにしている。このことを考えると、ソビエトの行なった集団被曝量の初期の算定を減らす理由は正当化できない。

事故対策作業者、清掃作業者、一九八六年の避難者については、UNSCEARでは考察していない。これらの人々についての評価を次のようである。

2　一九八六年の避難者一三万五〇〇〇人について

一九八六年報告の付属文書7はこのグループの人々の平均被曝量を一一・九レムとしている。これは、内部被曝を含んでいない。この仮定の基に予期される過剰の癌死亡者数は、以下のようになる。

CIPR一九九〇	八〇〇〇人
RERF一九八七	二八〇〇〇人

内部被曝を考慮すると、この値はさらに大きくなる。

3　清掃作業者について

事故の初期段階で危急の原子炉の災害対策を行なった作業者は高線量の被曝をしている。このための急性障害を生き延びたとしても、危険を完全に免れることはできない。被曝量が多いだけ、長期にわたる発癌の危険性が高いのである。一五〇―二〇〇レムの被曝を受けた者は、免疫系の健康障害の他に、自然癌の三―四倍の発癌の危険がある。清掃作業を後に行なった作業者の被曝量は、初期の事故対策作業者と比べて少ない。入手できたいろいろの情報によると、現地で交代して除染作業を行なった者は、現在まで約六〇万人になると見なされる。平均の個人被曝量として、次の二つの数値を用いてみよう。

・五レム（公式発表値）

・二五レム（放射性の塵を吸入して内部被曝したことを考慮した値）

この値では、過剰の癌死亡者数の次のようになる。

現地で将来対策作業を行なう人々の癌死亡者数の見積りはこのうちに含まれていない。

	五レム	二五レム
CIPR一九九〇	一五〇〇人	七五〇〇人
RERF一九八七	五二二〇人	二万六一〇〇人

4 ウクライナ、ベラルーシ、ロシア住民七五〇〇万人について（一九八六年報告付属文書7に基づいて）

七十年間にわたる平均被曝線量は一九八六年、ソビエト専門家により三・三レムと算定されており、これは二億五〇〇〇万人×レムの集団線量に相当する。将来の癌死亡者は次のようになる。

CIPR一九九〇	一二万五〇〇〇人
RERF一九八七	四三万人

放射線が誘発した癌死亡者全体を見積るためには、以上の見積りに、ソ連の他の地域と北半球全体における癌を加えなければならない。チェルノブイリから遠く離れた場所では、放射能汚染と個人被曝量は小さくなるが、これに反して、該当者は多数となるので、癌死亡者の見積りは無視できないが、正確な見積りは難しい。

以上の見積りは、放射線誘発の癌死亡者であることを、再度、述べておこう。死亡には至らない癌が、ほぼ同数発生すると予想される。チェルノブイリ事故の結果として、数十万人から一〇〇万人の人々が癌を患うこととなるのだ。原子力事故が新しい型の特別の災害であることがここに理解されよう。

原子力エネルギーか？　確率死か(71)

放射線被曝を受けると、細胞レベルでの損傷が起こり、その損傷は細胞内に刻印されてしまう。刻印された損傷の情報は、生体内で再生され、子孫に伝えられる。この細胞レベルの損傷は何の病気も起こさない場合もあるが、後になって、癌となって現われる場合もある。

放射線被曝による癌のうちでも、白血病は、被爆後二―十年と、最も早く現われる。放射線被曝による癌のうちで、白血病は約一〇％である。白血病の割合は一般に小さいので（フランスでは白血病死は全癌死の約三％である）、白血病の増加は、簡単に、また、最も短期間に放射線被曝の影響を検出するものである。それ故に、白血病は生体の指標の役割を持っており、放射線被曝による白血病増加がわかれば、後になって他の部位の癌がどの程度発現するか予想することが出来るのである。このため、責任者は、過剰白血病の発生はどうしても否定したいのだ。

責任者にとっては、放射線被曝による過剰癌が、自然発生癌に比べて小数であれば、隠れ蓑が出来て大いに気が楽である。前述の数十万人にのぼる癌死亡者数の見積りさえも、この意味では気に止めていない。事実、人の死亡原因の約七分の一が自然癌であるから、一九八六年の避難者一三万五〇〇〇人のうち二万人が、清掃作業者六〇万人のうち九万人が、ウクライナ、ベラルーシ、ロシアの七五〇〇万人の住民のうち一一〇〇万人が自然癌死することになる。自然癌に比べて小数であれば、責任者は、その原因を問われないのだ。カール・モルガンは原爆実験による放射能雨のための発癌効果について、次のように言った。「放射線による癌で子供を失った母親に対して、次のような慰めを言うのはいかがなものであろうか？　怒ったりなさいますな！　アメリカの降雨地帯でアメリカ国民のうち三〇〇〇万人が、やがて自然癌によって死ぬのですからと(68)」。

放射線被曝によって誘発された癌を区別する方法はない

癌患者が以前、大量の放射線被曝を受けたことがあっても、その癌が放射線によって誘発されたと、確言することはできない。科学的証明は未だ存在せず、推測しかないのだ。このことは逆に、癌患者が以前、小量の放射線被曝しか受けていなくても、その癌が放射線によって誘発されたかも知れないと推測することが可能となる。現在、拠り所となるのは、難しい統計計算処理だけなのである(72)。それも、個人の被曝歴や、その他の多くの情報が、死亡時まで記録されていなければならない。核災害が個人に及ぼす影響を確立するためには、さらに、子孫に対する半世紀後の損害の影響を確立するためには、極めて長期の研究が必要になる。犯罪に対する措置を講ずるときには、被害者、加害者共ども死んでしまっているのだ……。

チェルノブイリ汚染地域の将来の癌患者も、それが災害によって誘発されたと断言することはできないのだ。この点、核災害は特に邪悪である。意識されずに、人に深い損害を与えるのである。我々は、よい場合でも、統計上の一つのデータとして扱われるだけで、国家の所有物となるのだ。私達自身の死、そして、友人の死が、私達からさえも切り離されてしまう。しかし、死が統計データの一つに過ぎないとはいえ、その重みと実在が減ったりはしないのであるが……。

悪魔はこれを見て、狂気の絶頂に達するであろう。そして、悪魔の顔と原子力推進者の顔が重なる。

［注］

（1）一九八四年十二月、インドのボパールで起こったユニオン・カーバイト社の工場事故は、化学工業の代表的な事故であった。殺虫剤製造におけるガス漏れが原因であり、二八五〇人の死亡が確認された。後になって、死亡者は数百人増加している。有毒ガスの被害者の合計は、五〇万人に達している。
燃料関係の大事故としては、一九八四年十一月メキシコのイグジアテペックで起きた液体ガス（プロパン）貯蔵所の爆発炎上事故を挙げよう。炎による行方不明者は五〇〇人余りと発表されていたが、実際には、これよりずっと多数の死者があったと思われる。負傷者は約七〇〇〇人であった。

科学産業と原子力産業の事故が重なり、また、兵器施設に民生原子力施設が加わり、その結果、災害は新しい様相を帯びるものとなった。テロ活動が原子力関連で論じられることもある。一九八六―一九八七年の科学雑誌（『ネイチャー』誌、『サイエンス』誌、『サイエンティスト』誌）は、先進技術とテロ活動についての記事を載せている。このことが、ヨーロッパ議会の議会聴聞で取り上げられた（P・L・レバンタールとM・ヘニング「原子力施設と隠された潜在的危険――テロ活動」）。また、探偵小説作家も、核テロ問題を詳細に扱っている。例えば、M・マルトラベルズは『シューズの病い』（一九六六年、ガリマール黒シリーズ）で、テロリストが核廃棄物を都会にまき散らし、これに対して、当局の責任者がどのような対応を取るのか、詳細に記述している。この小説は、原子力計画が産業規模に達する以前のものであった。F・D・ヒューブネルは『血の雨の降る町』（一九八七年、ガリマール黒シリーズ）で、テコリストが原子炉で一連の故障を引き起こす話をしている。これは、原子炉安全の専門家が、最も恐れていることである。また、『鉱山アナール』誌は一九八六年十―十一月号を、「大技術事故」に当てている。

（2）　大賛歌に組しない唯一の声を挙げたのはアルベール・カミユであった。彼は一九四五年八月八日付の『コンバ』紙で、次のように述べている。「世界には、取り立てた出来事もないらしい。昨日以来、ラジオ、新聞、情報網の大合唱が起こり、原子爆弾のニュースを、あらゆる人々に伝えた。フットボールの球の大きさの爆弾一つで、中規模の都市ならば完全に壊滅させることを、熱狂したコメントが伝えている。アメリカ、イギリス、フランスの各新聞は、原爆の過去と将来について、その発明者について、開発の費用について、原爆の平和に関する使命、戦争における効果、政治的影響について、また、その絶対的な性格にまで、論評を広げようとしている。……　しかし、数世紀以来、人類の行なった最も徹底した破壊を可能とした発見を祝福するのは、不謹慎であると考えることも許されるべきであろう」と。カミユは、このような考えを表明したために、数日後、激しく非難された。

一九四五年八月九日付の『フランス・ソワール』紙には、「無限の地平を開く原子爆弾の使用」という記事がある。長崎壊滅の翌日、一九四五年八月十日付の同紙は、名士、フランス・アカデミー会員、ノーベル物理学者ルイ・ドブロイの寄稿を求めている。同氏は、「数グラムの物質の核分裂を行なうことによって、油、蒸気、石油よりも大きなエネルギーを人類は取り出すことに成功するであろう」と書いている。一九四五年十一月八日付の同紙の記事は、「一九四五年七月十六日のアラモゴードの嵐の一夜以来、世界は新時代に入ったのだ。……　種としての人類は、原子力時代という新時代に移行することに成功した」と述べている。

一九四五年八月八日付の『リベラシオン』紙の第一ページは、次の見出しで始まっている。「新発見は世界を変えてしまった。……　石炭、石油、電気はそのうちに過去の思い出となろう」と。

一九四五年八月八日付の『ユマニテ』紙の第一ページは次のようである。「原子爆弾の歴史は一九三八年以来であり、世界各国の学者達はこの間、原子核エネルギーの開放という任務のために励んできた。そして、フレデリク・ジョリオ＝キュリー教授は、巨大な科学成果の実現のために著しい寄与をなしたのである」と。

新聞では、この大発見に対して、フランスが果たした役割を何度も強調している。一九四五年八月九日付の『フィガロ』紙には、ＡＦＰの記事が載っている。「八月八日、パンポール発信。ジョリオ＝キュリーは、パンポールで次のようなコミュニケを発表した。原子力と原子爆弾の実現は、ジョリオ＝キュリー、アルバン、および、コワルスキーが一九三九年、四〇年にフランス専門学校で行なった研究発見に端を発しているものである。この研究発見についての論文発表は既に行なっており、特許も獲得されている」と。

特許の一つは、特許番号九七一―三二四の「爆発物装置の完成」と題するものであり、パリで一九三九年五月四日十五時三十五分に申請されている。広島の破壊は、フランスの特許領域に属するものであることは、衆人の認めるところとなったが、不思議なことに、アメリカに、特許権侵害を訴えるものは誰もいなかった。広島と長崎の大量殺人のために大きな貢献をしたという名誉を、フランスは獲得したのみであった。

ジェロ・ジューブの著作『原子力時代の到来』は、一九四六年の初め、フラン・ティラール社から出版された。この本は当時の神話と幻覚をよく伝えており、原子核エネルギー使用がもたらすいくつかの問題点（放射線の危険、施設廃棄の困難、廃棄物貯蔵の困難など）を予想しており、当時、希なものであった。

（3） この言葉は、一九八七年一月八—九日にパリで行なわれたヨーロッパ議会の議会聴聞の時、国際原子力機関（ＡＩＥＡ）の原子力安全局局長モーリス・ローゼンが言ったものである。この議会の報告書は、『ガゼート・ニュークレエール』誌八四／八五号、一九八八年一月、に掲載されている。

（4） 一九八八年七月一日付の『ソビエッカヤ・ベラルーシ』紙は、フランスの放射線防護の大立て者ピエール・ペルラン教授のインタビューを発表している。チェルノブイリ事故は、原子力発電所の安全に対する信用に累を及ぼすものであったという意見に、彼は答えて言う。「はい。そうです。しかし、この事故から、否定的な結果だけでなく肯定的な結果も生じている、と私は考えております。原子力エネルギーの分野で、国際的な接触が生じたことは、肯定的な結果です」と。この事故が誘発する癌死は無駄ではなく、科学者集団を結束させたというのだ。

（5） 「ホットな情報に関する難しさ」、『レビュ・ジェネラル・ニュークレエール』誌三号、一九八六年五／六月

（6） 一九九〇年四月二十八—二十九日付の『パリジャン』紙は、次のようなページ全体を覆う大きなタイ

トルをつけている。「被曝飛行士を救うために医者に残された時間は二十四時間しかない。最後のチャンスに賭けるために、緊急のシナリオと非常手段。ソビエト飛行士を救うための国際連帯。提供者と受給者の距離は一万キロメートル」と。そして、供給ルートを示す地図がついている。

六月中旬、チェルノブイリのパイロットは致死性の肺感染のために、危篤状態に陥ったとの、小さな記事が新聞にあった。

(7)　広島と長崎の原爆被爆残存者の調査によると、放射線が誘発する白血病は、被曝後二年で現われ始め、十年内にはほとんどが発現する。専門家達が、白血病になったソビエト飛行士を舞台に上げたが、致死性の白血病になったのは彼だけではなかったであろう。初期の事故対策を行なった者の白血病調査は、発表されていない。調査自身なされていないのかも知れない。フランスの専門家が、この調査をするべきであるとソビエトの同僚に勧めている様子もない。

白血病以外の放射線誘発癌は、被曝後十年以上たって発現する。この潜伏期間後、時間の経過とともに、癌死者は増加する。被曝時の年齢が十歳以下の子供については、放射線誘発の癌死の危険性はきわめて高い。

(8)　国際放射線防護委員会（CIPR）は、一九八六年七月の同委員会出版物四九で、子宮内胎児の被曝リスクの詳細な分析を行なっている。また、一九八七年にコモで行なった宣言では、同委員会は、子宮内被曝を受けた子供の重篤知能障害の危険性について注意を促しており、「妊娠八週から十五週の時期における被曝と重篤知能障害との因果関係においては、被曝量のしきい値はゼロであるという重要文書を、同委員会は発表した」と述べている。また、同委員会は重篤知能障害を定義して、「簡単な文を構成することが出来ず、簡単な演算を行なうことが出来ず、自分の身の回りのことが出来ず、施設で生活している人々を言う」としている（CIPR出版物四九、三七ページ）。

（9） ベラ・ベルベオーク「災害はどこなのか？」、『エコロジー』誌三七二号、一九八六年六月

（10） 『コムソモルスカヤ・プラウダ』紙のニュースを伝える一九九一年二月三日付のAFP電報。ウクライナのニューヨーク・タイムズ特派員が打電したもの（『ニューヨーク・タイムズ』紙、一九九一年二月四日付）

（11） 最初の研究報告は一九五六年にさかのぼる。

A・M・スチュワート、J・ウェッブ、D・ジルズ、D・ヘイウッド「子供の悪性疾患と子宮内被曝に関する予備的な報告」ランセット、四四七ページ、一九五六年

この研究は、「オックスフォード調査」として知られているものである。一九五〇年代に、癌の登録記録が、イギリス、スコットランド、ウェールズで公表された。癌および白血病で死んだ十五歳以下のすべての子供についての数値表、両親の面接記録など、疫学*に必要な情報が記録されている。

＊訳注　子供の悪性疾患とその子供が胎児であった時の母親の診断に伴う子宮内被曝の因果関係を明らかにするためには、多数の集団を対象として、いろいろの原因を区別して、この統計処理を行なわねばならない。このようなことを研究する学問を一般に疫学という。

（12） ロジェ・ベルベオーク「放射線防護の国際基準は間違ったデータに基づいている」、『健康と放射線』誌一九八八年一月号、GSIEN／CRII－RAD編

（13） 原子力産業労働者と一般人に対する放射線防護の公式基準値は、放射線の癌誘発効果を予防するため

に設けられたものである。そのための目安が、被曝による癌死亡リスク定数である。専門家が認める研究結果では、リスク定数が相当大きくなり、従って、許容被曝量を減少させる必要が起きる。しかし、原子力産業界の意向は、この減少に反対である。リスク定数の算定のための科学的根拠となっているのは、日本の原爆被曝残存者の死亡調査である。専門家達は、原爆のように、被曝量全量を瞬時に受ける場合は、小量被曝を長期にわたって受ける場合よりも、大きな障害を受けると言い始めた。しかし、この仮定を根拠付けるデータはない。国際放射線防護委員会（CIPR）は、最近、放射線従事者に対する許容被曝量を従来の年間五レムから二レムへと変更し、これを、原子力産業が受け入れることのできる限界であるとした。他方、国連放射線影響科学委員会（UNSCEAR）は、将来、再び新しい研究が現われることをも見越して、許容被曝量を、従来の半分から十分の一の間の値にすると、提案した。

(14)　日本の原爆被曝残存者の追跡調査は、米日財団RERF（放射線影響研究所、現在は厚生省機関、広島所在）により行なわれた。財源はアメリカ政府と日本政府により支出されている。調査データは財団所有であり、一般公開はされていなかった。最近になって、この研究のデータベースが、一般公開された。

(15)　アリス・スチュワート「低線量被曝による健康に対する影響」、『ガゼート・ニュークレエール』誌五六／五七号、一九八三年十二月

日本の原爆被曝残存者の死亡原因の調査では、低線量被曝の影響は晩発の癌死亡と遺伝障害のみであるとされているが、このデータを調べた結果、低線量被曝により感染症などによる死亡が起こっていたことが判明したのである。*

＊訳注　なお、ベルベオーク夫妻は訳者にもスチュワートの研究を知らせてくれた。訳者もこの論文を自

分で読んだところ、考え方がユニークで、論旨は極めて重要、かつ明瞭であったので、この論文に関する解説文を書いた。次のものである。

桜井醇児「放射線被曝障害の見直し＝Stewart と Kneale の問題提起＝」、『科学』五十五号、一九八五年、八二九ページ

(16) 恐怖が、いろいろな大腸障害を引き起こすことは、良く知られている。

(17) この発言は、一九九〇年一月二十四日付の『アクチュアリテ・ソビエト』紙に発表された。この科学者にとって、有効な援助はたくさんのソファを送ることであった。精神療法医師は現地調達することが出来よう。ソ連における精神療法的弾圧はついに終わったので、精神療法医師はだぶついているだろうから。

(18) S・T・ベリャーエフ、V・F・デミン、「チェルノブイリ事故の長期の影響——対策措置とその影響」、原子力事故とエネルギーの将来、チェルノブイリの教訓に関する国際会議、一九九一年四月十五—十七日

この会議はフランス原子力学会とソビエト原子力学会の共催で開かれた。ベリャーエフはクルチャトフ原子力研究所副所長、デミンは同研究所実験室長である。ソビエト中央政府が汚染地区の住民避難数を減少させるための根拠にしたのは、ベリャーエフの考え方であった。パリ会議における両人の発言は以下のようであった。

「汚染地区住民の臨床検査によると、種々の疾病と障害が、一九八六年に比べて増加している。例えば、

・循環系、呼吸系、その他の疾病

・神経障害

・悪性腫瘍、その他
医療関係者の知っているあらゆる疾病が、汚染地区では増加している。その原因として、方法に起因するものと、現実の原因に起因するものに分けることが出来る。

方法に起因するものとしては、
・住民の医療診断制度が改善され、病気が初期に発見できるようになったこと。
・総人口が増加しているのを無視していること。
現実の原因に起因するものとしては、
・住民の食生活習慣の変化。
・心理的の抑圧と不安による心身徴候に基づくもの。
・放射線被曝の影響。

(19)「関心を呼ぶチュルノブィリ新法令」、『国際ニュークリア・エンジニアリング』誌、一九九一年七月号
「ソビエト責任者は、住民が小量被曝を受けた恐怖により非合理的な反応をしているとして、これを放射線恐怖症であるとする解釈を提出している。しかし、この解釈は、国際原子力機関の研究者も批判しており、放射線防護の歴史から削除して然るべきものである。この言葉を頻発するならば、ソビエト責任者は、彼らに対する信用問題に直面せざるを得なくなるだろう」
(20)Ｐ・ペルラン、Ｊ・Ｐ・モリニ、「原子力施設と環境保護」、『鉱山アナール』誌、一九七四年一月号
(21)「ソ連からの放射性降下物に対して加盟国各国が行なった農産物対策を調整統合するための、一九八六年五月六日付の加盟国への委員会勧告」、ヨーロッパ共同体公報、一九八六年五月七日

一九八六年五月三十日の議会によるヨーロッパ共同体法、第一七〇七―八六（ヨーロッパ共同体公報、一九八六年五月三十一日）

一九八六年六月五日の委員会によるヨーロッパ共同体法、第一七六二―八六（ヨーロッパ共同体公報、一九八六年六月六日）

(22) 世界保健機関（OMS）が国際原子力機関（AIEA）に援助を申し出たのは不思議ではない。一九五九年五月二十八日のOMSの第一二回集会では、OMSとAIEAの合意が認められている。この合意文の一条一項には、次の規定がある。「AIEAとOMSは各々の制定規則の目的を実現するために、国連憲章の枠内で密接な関係を結ぶ」。既に述べたように、国連により規定されたAIEAの主な役割は、国際的に原子力産業を推進することである。

(23) ミンスクで開催された、事故後の放射線防護基準をテーマとするベラルーシ科学アカデミー集会において、フランスのP・ペルランと他の二人の専門家（J・ワイトは国際放射線防護委員会委員長、D・ベナンソンはアルゼンチン原子力産業の重要人物）は、ソビエト中央責任者の提案した措置基準よりも、二倍から三倍大きな基準を勧告したのである。ウクライナとベラルーシの科学者達はこの勧告を批判した。この会議の成りゆきが、強汚染地域からの住民避難を大いに左右した。

(24) 「平和目的の原子力利用に伴う精神衛生問題」世界保健機関（OMS）の研究グループ報告、技術報告番号一五一、一九五八年。「フランスでは、M・チュビアナ教授がメンバーである」。

以下、これから引用しよう。

「これだけ大きな可能性を持つエネルギー源の出現が、深い心理反応を引き起こすのは当然であり、このうちには多少病理的のものと思われる反応もある」（四―五ページ）

「故に、原子力時代は人類に対して精神衛生問題を引き起こしている」（六ページ）
「原子力発電所は、その安全性を考えれば、人口密度の高い地域に設置されるべきであった。しかし、原子力発電所は一般に大都会から遠隔の、人口の小さな地域に設置されている。この政策は大衆の不安を静めずに、かえって、かき立てているのではなかろうか？　どちらにころぶか、大衆心理にはバランスのしきい値があるようだ」（二二ページ）
「もし、胎児の神経系統に放射線が影響するのであれば、判明した事実の報道、情報伝達は差し控えなければなるまい」（四二ページ）
「大衆の意見に大規模な変化を与えることが出来るのは、文明国で行なわれている幼年児の教育方法を切り替えることである」（四四ページ）
「事故や、予期せざる危険に対する政策」の章では、「原子力工場で起こり得る事故や、予期せざる危険に関して、新しい原則に基づいた政策を策定する必要がある。先ず、大衆の不安を喚起しないこと。次に、危険は無視できると宣言した以上、用心の姿勢を示さないこと」（四八ページ）
「大衆の不安や恐怖を解除するためには、このために特に訓練された人物が必要である」（五三ページ）
精神衛生世界連合の第二五回会議（ロンドン、一九五七年二月）における決議を、最後に引用しよう。これは、世界保健機関（ＯＭＳ）に提出するためになされたものである。「原子力平和利用に関して、ＯＭＳが負うべき責任の立場から、ＯＭＳは精神的因子、社会的因子に十分な配慮を行なうよう、精神衛生世界連合は期待する」と。
　ＯＭＳが、ウクライナとベラルーシの事故後、管理に介入した仕方は、この方式に従っているようである。

(25) ベラ・ベルベオーク「国際的な企み」、『エコロジー』誌三七一号、一九八六年五月

(26) 原子力事故に関する議会聴聞――住民の保護と環境（パリ、一九八七年一月八―九日）、文書収録、ストラスブール、一九八七年

(27) アルメニアの例は典型的である。地震の後、エレバン近郊の二基の原子力発電所は一九八九年の初めに停止された。これは、アルメニア人の要求を入れてなされたものであった。フランスのフラマトム社に、この原子力発電所の解体に関する依頼がなされた。しかし、アルメニアの指導者は、南コーカサスの電力不足を考慮して、態度を変更した。フラマトム社との契約は、この原子力発電所の再起動の依頼に変更された。最終決定を前にして、国民投票が行なわれる筈であった。アルメニア政府の意向に対する人民の反応にすべてがかかっていた。一九九三年三月、アルメニア政府は、再起動を決定した。そして、国民投票は実行されなかった。

(28) チェルノブイリ事故の後、アメリカの専門家達は自問した。彼らは、冷却水喪失に関して、PWR型原子炉は安定であるという原理を信用したために、中性子挙動の動的研究が無視されていたことを言及している。偶発する不安定性のあらゆるシナリオが研究されていたわけではないことが明瞭である。

(29) 「人間の個性に基づいた個人あるいは集団の振舞いや、仕事の仕方、一般化して言えば、人間の文化は、利害関係、いろいろの責任水準の利害、特に階級序列の利害、経営者の利害とは相容れないものであると思える。我々の施設の安全水準を改善しようとする支配人の目的は、私の考えでは、達成されることはないであろう。すべての水準で人間の性格、動機、安全の文化が発展し、組織と仕事の関係で大きな発展が達成されるのでない限り……」（原子力安全監視主任ピエール・タンギ「原子力安全」、フランス電力公社〔EDF〕、一九八九年末の総合報告からの抜粋）、この報告書は、首脳陣が議論するための内部資料

であった（首脳陣というのは、この報告の配布者リストに配布者の名称がそのように記されていたからである）。

(30)　原子力事故の確率計算――「原子力施設安全の確率計算の手法は、施設の想定可能なあらゆる出来事を考慮して計算にとり入れる制約を緩和するために発展したものである。確率計算による安全性の採用は、すべてのシナリオに対して十分な安全性を保障する、実にそれを満足するのは不可能な、きわめて高価な要求を緩和させる役割をはたした。いずれにしても、ある種の特に重大な事故を考慮することは出来ないのであり、それらに対して適正な対処をする総出のパレードは行なわないのである（これを想定外の出来事という）。重大事故の確率が計算される。そして、それは非常に希な事故として、建設者の関心から除外される。希な事故は、急速に起こりえない事故に混同される。こうして扱い易い場合のみが想定されることになる。

確率計算の考えは、多くの事故と自然災害に適用された。この結果、原子力エネルギーは極めて安全であり、人々の非合理的な心配から派生した危惧は不当であると見なされた。多くの批判が確率計算による安全性神話に対してなされたが、推進者はこれを考慮せず、人々の警戒を解くための大がかりな宣伝活動が行なわれた。大広告キャンペーンの結果、ついに合意に達したが、このために医学研究所が力を貸している」（ロジェ・ベルベオーク「核社会」より、一般哲学・哲学概念辞書、フランス哲学叢書第二巻、一九九〇年八月）

(31)　J・ビュサック、F・コニェ、J・ペルセ「重大事故に関するフランスの立場」、原子炉安全に関する国際会議（サンティアゴ）、一九八六年二月二―六日

(32)　ピエール・タンギ「原子力事故の征服」、「原子力・健康・安全」に関する会議（モントーバン）、一

九八八年一月二十一―二十三日

(33) J・グルドン(カダラシュ原子力研究所、原子力委員会技師)「ソ連の原子力エネルギー」、RGN六号、一九七七年十二月。この記事は、ソ連の原子力エネルギーの進歩を分析している。「ソ連の原子力エネルギーの進歩には、経済以外の要因がある。イデオロギー、産業、軍事の目的から科学が推進されたことにより、原子力の基礎が確立されたことに注意したい」。また、著者は、「産業原子力発電所第一号を建設したのはソ連であり、これはオブニスクで一九五四年に稼働を始めた。フランスの第一号基はマルクールにおいて、一九五六年であった」ことを記している。

(34) ロジェ・ベルベオーク「原子力国家……そして国家社会主義国フランスにおける原子力と健康」、『月刊マス・クリティク』反原発連合誌、一九八四年一月号。この記事は、原子力委員会の行政長官、ジェラール・ルノンが国際原子力機関(AIEA)の二七回会議(ウィーン、一九八三年)で行なった宣言について、コメントしている。ルノンは言う。「安全規則とその形式は、各々の国が各々の哲学で決める。国際協力が国を抽象した標準機関に代替されてはならない」。安全性は各々の伝統と各々の経済的関心に応じて、独立に決める哲学問題に還元されている。また「原子力施設の安全を監視する国際委員会規則は、原子力社会の論理によるものである。重大事故の危険は、国境では止まらない。グラブリンはフランスと同様、英国とベルギーにも関連している。ウィンズケールの再処理工場は英国のみではなく、ベルギー、デンマーク、ドイツにも危険である。スーパーフェニックスはフランス同様、スイスにも関連している」とも述べている。しかし、この年代では、最も悲観的な者も、放射線の脅威が二〇〇〇キロメートルに及ぶとは想像もしなかった。原子力安全に関する国家主義の立場は決まっていた。「一九七四年七月十二日、デュセルドルフで、フランス原子力委員会代表アンドレ・ジロー(以来、産業相、軍相を歴任)は、フランスとドイツの聴衆を前に、『我々は、各々固有の安全基準を確立し、各々の問題に適合しない一般基準を避け、ヨーロッパ技術の、いろいろな選択を開かねばならない』と述べる」。安全基準は、原子力産業の経済保護のために、採用される必要があったのである。

(35)　大事故はスウェーデン原子力発電所の一主任により見つけられた。彼は、建物内の放射線が顕著に増加したのを認め、作業員を退避させた。自身の原子炉で重大な放射能漏れが起きたと考えたのだ。しかし、放射線は建物の内部ではなく、外部からのものであることが判明した。彼は所内の他の主任にこのことを知らせ、情報は瞬時に世界中に広がった。ソビエト責任者が事故発生を確認したのは、数日後であった。しかし、この確認を待つまでもなく、大事故が起こったのは明らかであった。

(36)「原子力利用のためのソ連国家委員会によるチェルノブイリ原子力発電所事故とその影響——国際原子力機関（AIEA）専門会議、一九八六年八月二十五—二十九日、ウィーン、のために編纂した情報」、この報告は一七一ページからなり、二三名のソビエト専門家が署名している。

著者は、チェルノブイリ事故後の管理、処置に関して相当数の文書を、『ガゼート・ニュークレエール』誌（原子力情報のための科学者グループGSIENの出版物）に発表している。そのリストを示そう。

七三／七四号、一九八六年十一／十二月、「チェルノブイリ——健康に関する初期評価」（一九八六年八月のソビエト専門家報告の付属文書7の分析）

七八／七九号、一九八七年六月、「チェルノブイリは終わらず」（フランス保健責任者による事故管理の文書）

八八／八九号、一九八八年六月、「チェルノブイリ再び」（ヴァル谷汚染に関するフランス原子力委員会CEA報告の批判）

九六／九七号、一九八九年七月、「チェルノブイリ三年後」（放射線状況、農業問題、健康問題）
一〇〇号、一九九〇年三月、「ソ連が行なったチェルノブイリ後の措置」（新しい避難）
一〇九／一一〇号、一九九一年六月、「一九八六―一九九一年――チェルノブイリ再度」（五年後の土壌と水の汚染、健康、清掃作業者、正常化）

(37) 広島、長崎で原爆被曝し、生き残り、一九五〇年になって調査の対象となった人々の被曝量は平均して二〇レムだった。（エドワード・P・ラドフォード「日本原爆における放射線によって誘発された癌の新しい証拠」、著作『放射線と健康』ジョーンウィレイ社発行、一九八七年）

(38) 国際放射線防護委員会（CIPR）は、一九九〇年以来、放射線による癌死亡リスク定数を改訂し、大きな値に改めた。一九七七年の勧告では、一〇〇万人×レムの集団被曝による癌死亡発生数は一二五人としていたが、一九九〇年十一月には、これが五〇〇人に引き上げられた。この結果、ソビエト報告の仮定に従う被曝総量では、チェルノブイリ事故によって誘発される癌死亡者は一六万人となる。

(39) 私立実験室CRII―RADによる一九八七年の測定では、アルメニアからの粉ミルクはセシウムによる強い汚染があった（一万三二〇〇ベクレル／キログラム）。一九九〇年にも再度測定が行なわれた。同実験室は一九九〇年五月三日付のコミュニケを発表する。「当実験室では、アルメニアで発売されている粉ミルクがセシウムにより強く汚染されていたことを一九八七年に測定し、一九八七年十一月四日付の『リベラシオン』紙にこれを発表した。一九八九年十二月及び一九九〇年二月のアルメニアの地震以来、当地の環境運動家とアルメニア委員会のメンバーから食品の放射線分析の要請があった。測定の結果、この度アルメニア産食品には特別の汚染は見られなかったが、これに反して、アルメニアに輸入された紅茶、牛乳のすべては汚染されており、中には、強汚染を示すものもあった」。

(40)　M・F・ミンゴ（スペイン放射線防護・環境研究所所長）、「自然環境に対する放射線の中期・長期の影響」、原子力事故、住民保護と環境に関する議会聴聞（パリ、一九八七年一月八―九日）の文書集

(41)　国連放射線影響科学委員会（UNSCEAR）は一九五五年の国連総会で創設され、各々の政府により任命された二一カ国の代表により構成されている。フランスのメンバーには原子力委員会、フランス電力公社勤務者、およびペルラン教授がいる。ソ連のメンバーにはイリンとモイセーエフがいる。各種の国際専門委員会が各々の評価を発表しているが、実際には、同一人物が相当数重なっている。

(42)　国連放射線影響科学委員会（UNSCEAR）、「付属文書付きの総会レポート一九八八年」の付属文書D（三四三ページ）

(43)　一九八七年一月十六日付のAFP特電。「国際原子力機関（AIEA）の責任者によるチェルノブイリ報告。AIEAの三人の責任者が金曜日、モスクワでチェルノブイリ地方の楽観的情報を発表。事故のあった原子力発電所も活動を再開する一方、避難住民の一部は年内に帰郷できる予定である。発電所から一〇―三〇キロメートルの区域の住民は年内には再居住が可能となるだろうと、AIEA所長ハンス・ブリックスが記者会見で発表した。彼は、M・ローゼン、L・コンスタンチノフの二人の補佐と一週間をともに過ごしてきた」。

AIEAの責任者の見通しは明るい。しかし、一九九一年には、避難地区に住民が再居住する話題は消えてしまった。チェルノブイリで働いている人々は、チェルノブイリから六五キロメートル離れたスラボチチに居住している。これは汚染地区に新しく建設された町であるが、強汚染地区のある森林の中に建設されたための問題が起こっており、この町の周囲の除染作業が進められている。

(44)　被曝限界は一九八六年には一〇レム、一九八七年には三レム、一九八八年および一九八九年には二・

五レムとされた。食品の汚染基準も発表されているが、この基準を上回る食品がモスクワでも発売されていることを、フランス放射線防護中央局（ＳＣＰＲＩ）で行なわれた分析が示している（『ガゼート・ニュークレエール』誌八四／八五号、一九八八年一月、二十六ページ）。

(46) 指示された基準値は、茸と生鮮果実については一八五〇ベクレル／キログラム、乾燥食品は一万一〇〇〇ベクレル／キログラムである。また、肉と魚については一八五〇ベクレル／キログラムである。これらの値は、ヨーロッパ共同体が採用する事故後の基準値一二五〇ベクレル／キログラムより大きい。現在ではヨーロッパ共同体では、これに変わって、牛乳製品は三七〇ベクレル／キログラム、それ以外では六〇〇ベクレル／キログラムが採用されている。

『ウクライナ・プラウダ』紙には、茸と果実の採集が禁止された地域では、松の葉（ビタミンの粉の原料）の採集も禁止されたと記されている。「放牧は牧草の高さが一〇センチ以上にならないと許可されない。一五キュリー／平方キロメートル以上の表面汚染の所では、木の伐採は積雪期のみ許可される。暖房及び樹脂採集のための木の使用は禁止されている。乳製品及び食肉のための家畜を放牧することも禁止である。まぐさを与えることは、皮革用の馬のみに許可される。牛糞を肥料とすることも禁止である」。

(46) 一九八九年九月十七日付のＢＢＣニュースによると、ブリアンスク西南の二つの村から、その次には一三の村からの住民避難が予定されていた。しかし、理由なしに、これは延期されてしまった。

(47) 『イズベスチア』紙、一九九一年二月九日付、（『ソビエトの現実』誌、一九九一年四月号から）

(48) 『ソビエツカヤ・ベラルーシ』紙、一九九〇年四月二十日付

(49) ストロンチウム九〇の化学的性質はカルシウムに良く似ている。そのために、この元素が体内に摂取されると、骨の表面に簡単に沈着し、造血骨髄を損傷する。骨に沈着したストロンチウムは長期間留まり、

初期の沈着量の半分が排泄されるのは十八年も経過した後である。したがって、被曝は慢性的なものとなる。汚染地区に居住する住民のストロンチウムの体内負荷は、汚染食品の摂取が続く限り、平衡に達するどころか、生涯増加し続ける。ミンスクの未成年者血液センターで、白血病を含む血液病が増加しているのは、外部被曝に加えて、ストロンチウムによる内部被曝が影響しているのかも知れない。ストロンチウム九〇は純粋にβ線のみを放出する核種であり、特別な装置を用いなければ、その存在を確かめることができない。通常の放射線計では駄目である。

(50)　プルトニウムの測定はきわめて複雑な装置が必要であり、これを持つ（概して政府所属の）実験室は少ない。測定費用は高く、系統的なデータを出すことは、私立実験室の財政では無理である。子供の歯は、プルトニウムおよびストロンチウムの敏感な生体検出計の役割を持っているのであるが、このことに関して、ソビエト、および西側の公式情報は皆無である。

(51)　ホット・パーティクルに関する情報としては、E・ペトリャーエフが、ルクセンブルグで一九九〇年十月一—五日に行なわれたヨーロッパ共同体委員会の主催した研究会「三つの大事故——キチュトム、ウインズケール、チェルノブイリによる放射線放出物による環境に与えた衝撃の比較」において発表している。

(52)　一九九〇年十一月に国際放射線防護委員会（CIPR）が採択したいわゆるCIPR勧告、CIPR出版物六〇、一九九〇年

(53)　限界を決めるためには多岐にわたる問題がある。個人を防護するのか、社会経済的基準により社会を防護するのか？　非常に敏感な人を考慮する必要があるのか？　民主主義国家であろうが、専制主義国家であろうが、住民が許容限界を自分で決めたり、議論したりすることはないのであり、個人の問題を個人

以外の誰がどの様に扱うのかという原則問題でもある。

(54)「原子炉事故と公衆衛生の調和」、世界保健機関会議(OMS)(ジュネーブ、一九八七年十一月十一十三日)の報告、『ユーロ報告と研究』誌一一〇号

(55) 著者の参加する団体など、五団体は、一九九〇年三月五日付の以下の手紙を保健大臣に郵送した。

「大臣殿

貴省に所属するフランス放射線防護中央局(SCPRI)局長P・ペルラン教授が、世界保健機関(OMS)の専門使節として、ウクライナとベラルーシにおいて一九八九年六月末から七月初めに行なった発言に関して、手紙を差し上げます。

ミンスクで行なわれたベラルーシ科学アカデミー主催の放射線防護基準に関する会議において、被曝放射線がどれだけになれば住民避難を行なうのが望ましいかという問題に関して、ベラルーシ科学者がソビエト中央政府に抗議する論争を行なっていたときに、OMS使節のペルランと他の二人が発言しました。この発言は、一九八九年七月十一日付の『ソビエッカヤ・ベラルーシ』紙に発表されております。このことに関して貴殿の注意を喚起したく、以下に彼らの発言を要約致します。

彼らは、『生涯被曝の限界量としては、三五レムの二倍から三倍に限界を設けるべきであるとお答えしたい』と発言しております。

ペルランは生涯被曝の限界量として、七〇レムから一〇五レム、すなわち、年間被曝量にして、一レム(一〇ミリシーベルト)から一・五レム(一五ミリシーベルト)を勧告しているのです。

一九八八年四月十八日付のフランス法令八八—五二一号の第二章『公衆の被曝量限界』には、次のように記されております。

一七条　身体深部の最大被曝量は年間〇・五レム（五ミリシーベルト）を越えてはならない。
九条　放射線被曝がこの法令で定められた限界以上に達すれば、保健大臣は対策を講じ、放射線に関する安全な環境を公衆に保障せねばならない。

また、同じ九条には、放射線防護の法令が遵守されるように、SCPRIは監督する義務を負うものであることが記されております。

一九八八年四月十八日付の法令を遵守し監督する義務を負う保健省公務員、ペルランは、フランスにおける法令被曝限界量の三倍に達する被曝限界量を勧告しているのです。彼は、記者会見（『夕刊キエフ』、一九八九年六月十九日付）では、フランス保健省の放射線防護担当として振舞っております。これは任務違反に関する疑義を持つものであります。このことに関して、お尋ね致します。

一、この公務員が法令外の被曝限界量を勧告したのは、貴下の命令によるのでありましょうか？

二、もしその場合には、フランスで事故が起こったと仮定した時、貴下は法令外の被曝限界量を適用されるのでありましょうか？

定められたフランス法令を、貴下は厳正に遵守する意図があることを公に表明し、貴下の管轄する機関に所属する公務員が法令を遵守するよう注意を促すことを、要求致します。

なお、フランス法令は国際放射線防護委員会（CIPR）勧告には合致しておらず、CIPRは一九八五年以来、被曝限界量として年間〇・一レム（一ミリシーベルト）を採択しており、この値は、一九八八年、コーマでのOMSにより採択されているものでもあることを申し添えておきます。

この手紙と、貴下のこの手紙に対するご返答は、一九九〇年四月九日付で記者会見し、発表する計画であることを、お知らせ致します。

この手紙は、以下の五団体の代表者の署名付きであった。GSIEN、CRII―RAD、環境ヨーロッパ・フランス、サボワール、ビュル・ブルー。

敬具」

(56) 「チェルノブイリ事故」、原子力安全防護研究所(IPSN)報告二/八六、三版、IPSN、原子力委員会、一九八六年十月

(57) この危惧は正当なものであることが判明した。最近、原子炉に一〇〇個ほどの穴を開けて、内部を観察したところ、数カ所にわたって、溶融した炉心の残骸が、原子炉下部のセメント舗石をうがって、二メートルの深さまで到達していた。

(58) この情景は、キエフ・テレビが撮影し、放映した。

(59) 『国際ニュークリア・エンジニアリング』誌、一九九一年十一月号

(60) プルトニウムを含む埃の捕獲に、フィルターが有効性をもつかどうか疑問が生じている。α線は埃を分解し、微細になった埃はフィルターを通り抜け、外部にプルトニウムが放出される可能性がある。

(61) ピエール・タンギ、フランス電力公社(EDF)の安全監視主任、『週刊ニュークレオニクス』誌、一九九〇年六月二十一日号

(62) 『週刊ニュークレオニクス』誌、一九九〇年四月十九日号

(63) 『週刊ニュークレオニクス』誌、一九九〇年十一月二十四日号

(64) 世界保健機関(OMS)、国連放射線影響科学委員会(UNSCEAR)、ヨーロッパ共同体委員会などの諸機関から構成され、国際原子力機関(AIEA)が統括する調査委員会による調査が提案された。しかし、異なる機関で同一人物が活動している。

(65) この国際顧問委員会の副委員長はM・ローゼン（AIEA）であった。この人物の、AIEAの責任者の考えを表明する発言をもう一度引用しよう。「安全原則が守られ、関係者が十分な知識を持っておれば、原子力は現状において、利益があり、許容できるエネルギー源であることに、AIEAの顧問グループは同意している。チェルノブイリ事故は大きな影響を持つものであったが、その規模は天災や人災に基づく他の災害に比べて、比較的に小さかった」（原子力事故の関するヨーロッパ議会聴聞、パリ、一九八七年一月八—九日）。

(66) 「国際チェルノブイリ計画・全体像・放射線影響と防護措置の評価」、国際諮問委員会報告、一九九一年五月

(67) ロシア代表は会議で批判を行なわなかった。

(68) カール・モルガン「ICPRのリスク評価——もう一つの見解」、『放射線と健康』誌、一九八七年

(69) ダール・L・プレストン、ドナルド・A・ピース、原爆被曝残存者の癌死亡リスクに関する被曝量算定変化の影響、放射線影響研究所報告TR九—八七、一九八七年八月

(70) トーマス・F・マンキューゾ、アリス・M・スチュワート、ジョージ・W・ニール、「ハンフォード工場労働者の放射線被曝と癌および他の病因死亡」、『ヘルス・フィジックス』誌三三号、三六九—三八四、一九七七

ジョージ・W・ニール、トーマス・F・マンキューゾ、アリス・M・スチュワート、「ハンフォードの放射線被曝研究Ⅲ、ハンフォード工場労働者の生命表の回帰モデル法を用いた放射線による癌リスク評価」、『英国産業医療』誌三八号、一五六—一六六、一九八一年

R・ベルベオーク、B・ベルベオーク、D・ララーヌ、「低線量被曝の影響」、GSIEN、技術カード、

一九七八年二月

(71) R・ベルベオーク「放射線リスクと健康」、医療組合発行の『ユートピア医療のノート』誌四五号、一九八一年二―三月、三章、統計死、二八―三一

(72) 統計学(スタティスティク)の語源は、イタリア語スタティスタ(国家の人物)から恐らく派生した十七世紀の近代ラテン語スタティスティクス(国家に関連した)である。政府を諮問し助ける目的で、社会的事象を数値(分類、数値付け、等級分類、調査)を用いて研究する学問である(『プティ・ロベール』より)。

第四章　チェルノブイリ一九九三年

チェルノブイリ事故から七年になる。一九九一年に、ソ連邦は崩壊し、諸共和国は独立宣言した。一九八六年以来、災害の処理に当たった中央権力は消失した。今では、災害の結果を住民に受け入れさせる役割は、諸共和国の機関以外にはない。

しかし、災害が住民の身体細胞に刻印されており、汚染と損害が今後も継続するだろうと公言するのは、はばかられる。結局のところ、住民が、災害による損害を、癌やその他の病気を、子孫に対する遺伝障害を引き受けるのだ。将来、災害はどの様に処理されるのかについて、いくらかの考察を行なった。二年来の新たな情報は、我々が行なった分析が正しかったことを示している。災害被害者の見積りは多数に上り、政治家と技術官僚の関心は、これをいかにカモフラージュするかということであろう。

西側責任者は東側責任者の援助に熱心であるが、これは原子力災害が起きた場合の措置を学ぶためなのだ。汚染された諸共和国の情況は、西側の「責任は負わない所轄担当者」*にとって大変参考になろう。

*訳注　フランスでは輸血時に血友病患者にエイズ感染させた事件の裁判が進行中である。被告の当時の保健担当大臣と医師等は通常の意味での責任という言語を二分し、「所轄担当者 responsables ではあるが犯罪責任は負わない者 non coupables」であったと言い逃がれを言い、以後この言い逃れはフランスの流行語である。

チェルノブイリの子供達に対するフランスの慈善事業家達は、犯罪という言葉を使おうとしない。かわいそうな子供達は運命の犠牲者なのだ。慈善家達にとっては、フランスで事故が起きても、それは犯罪ではなく、責任者はおらず、すべて運命なのだ。

否！　著者はこれに同意しない。原子力発電は危険がなく、専門技師は核技術を完全に掌握しており、大災害は起こり得ない、放射線は無害であるなどと、言い触らしているフランスの専門家達を告発し、対決しなければならないと著者は考えている。

このことが、チェルノブイリ事故による災害を少しでも軽減し、また、再び大災害が起きないように、一九九一年以来の新官僚と戦っている、東の人々と連帯できる最も有効な手段であろうと、著者は考えている。

石棺に掛け小屋を

石棺の風化と腐食が進行している。

今では、古い石棺の外側に、新しい石棺をではなく、「掛け小屋」を立てるのが課題である。ウクライナ政府、専門家の間で、「掛け小屋」という表現が正式に使われている。

石棺の風化対策としてウクライナ政府が打ち上げた国際コンクールは、チェルノブイリ災害の日付四月二十六日まで延長された。これは技術問題ではなく、メディア対策である。

災害対策の予算配分に浴していないアメリカ人は、チェルノブイリの周辺に西欧企業が「蜜の周りの蜜蜂」のように群がっていると評している。しかし、この予算の支払いをするのは誰なのか？ウクライナ政府には不可能であろう。現在のロシア共和国政府がチェルノブイリに関連した支出を、ロシア共和国の領国以外で負担するという話は起きていない。「掛け小屋」計画は不明確である。石棺から放射性物質が流失し、キエフとその水の供給を脅かすと言う事態を避けることがさしあたりの関心事である。あるいは少なくとも、西側技術がそのような事態を救ってくれるだろうと期待をつなぎたい。

「掛け小屋」の建設は、セメント産業の関心を呼んでいる。フランスの一企業はこのための費用を、三億―六億フラン（六〇―一二〇億円）と見積っている。フランス政府は、ブイ社の工事請負計画を支持しており、ウクライナ政府はすでに仕事場をブイ社に提供している。

他の方法として、石棺の完全撤去案も提出されている。この費用はさらに高価であり、二十年間で一〇億フラン（二〇〇億円）と見積られている。しかし、これを実現するための方法と資材が、まだ見つかっていない。

石棺内部をプラスチック材ではなく、酸化アルミ系の軽量セメントで補塡しようという案もある。しかし、この案も現状に即したものではなく、原子力専門家は一〇〇〇万フラン（二億円）以上を要する綿密な予備実験が必要であり、軽々しい解決策には不安を表明している。

黒海も汚染を免れないであろう

チェルノブイリ近辺に溜っている放射性物質によって、地下水の汚染が始まった。プリピャチ川の汚染を避けるために、一九八六年五月には大工事が行なわれた。原子炉近傍からの水が川に達しないように、堤防と地下壁が作られたのである。多数の川に、合計一〇〇以上の濾過ダムが建設され、キエフ用水湖に放射性物質が流れ込むのを防ごうと試みられた。しかし、結果は失敗であった。増水時に、汚染沈澱物が堤防の上を越して、下流に沈着したのである。川の水位が低くなり過ぎたために、いくつかの堤防は破壊された。プリピャチの町は事実上消失し、地区の水流が、汚染泥をドニエプル河へ、さらに、キエフ用水湖を通って黒海へと運んだ。この情報は、ポレジー農業研究所所長A・ボルコフによるものであり、一九九〇年三月二十六日付の『イズベスチア』紙に発表されたが、反響はなかった。

しかし、集水域の汚染はウクライナ政府の一大関心事である。チェルノブイリ関連問題大臣は、原子炉付近の、自然にできた八〇〇カ所に及ぶ放射性元素の溜り場のために、地下水が汚染されるかも知れないとの不安を表明した。一九八六年四―五月の緊急対策の時、危急の原子炉への接近を妨げていたすべての放射性素材を、注意などせずに、緊急に取り除く必要があった。大臣は、「このことが重大な結果を生んだ」と述べている。[1] しかし、ジョーレス・メドベージェフは、雨水により汚染地点が洗われたことが、地下水をすでに汚染させたと言う。[2] 大臣は、ウクライナの三二〇〇万人に飲料水を供給するドニエプル河の水は、「相当汚染されてしまった」と、述べている。[1]

かくして、やはり、ドニエプル河を通じて、黒海も汚染を免れることはなかろうと思われる。独立以来、ウクライナ政府が、事故直後の数週間、キエフの飲料水の汚染状況のデータを、モスクワに要求した様子はない。しかし、実際には相当な汚染があったと考えるべきであろう。三〇〇万人のキエフ市民の長期にわたる癌死亡者の概数を見積るためには、このデータが必要である。ウクライナとロシアの間には、いろいろの議論が行なわれているが、不思議なことに両国間には、チェルノブイリに関する公的な直接論争はない。人々の動揺を考えるとき、このような問題を公に論争するのは、両国にとって望ましくない。最大の事故対策は、人々の動揺の鎮静化なのであろう。[3]

チェルノブイリ事故は、またしても、通常の考えを逸脱している。死体は石棺を侵し、河を護るために地下堤防が作られた。そして、護るべき場所は「掛け小屋」の外なのである！

チェルノブイリ原子力発電所の閉鎖

チェルノブイリ四号炉の災害の後、他の三基は運転を開始したが、この三基にも多くの事故が起きたことが知られている。火災が頻発した。一九九一年十月の火災は二号炉の機械室を破壊し、建物の屋根をこなごなにした。このような被害を起こす火災は、むしろ、爆発に近いが、この言葉はタブーである。二号炉は、永遠に運転中止になった。

ロシアの同型炉サスノヴィボール事故の後、一号炉と三号炉は修繕が必要なことが判明し、一九九二年三月、運転が中止された。

一九九二年五月二十五日には、ウクライナ政府はチェルノブイリのすべての原子炉をただちに解体することを要求した。しかし、七月にはクラブチューク（ウクライナ）大統領は、一号炉と三号炉を再起動させるために、修繕することを決めた。科学アカデミーはこの決定に賛成した。

三号炉は七カ月の運転中止後、一九九二年十月、一旦、再稼働した。しかし、修繕が長引いて、実際に再稼働したのは十二月であった。クラブチューク大統領は、ヨーロッパ共同体の専門家からの、原子炉運転中止要求を聞こうとしなかった。二基の原子炉で、三四〇〇個のバルブが交換され、火災に対する対策が改善された。それにもかかわらず、三号炉で、四十八時間のうちに、二度の小火災が発生して、付属建築が損害を受けた。この火災や、いろいろの出来事は、機材の信頼がおけず、管理体制が最低限の安全さえも保障できないことをものがたっている。[4]

稼働中のチェルノブイリの二基の原子炉は、一九九三年には、法律により、永久運転中止となるはずであるが、発電所の代表は運転中止の延期を要望している。

ウクライナ議会は、チェルノブイリ原子力発電所の永久閉鎖の立場を、はっきり表明している。しかし、代議員は、原子炉解体計画や、実行手段の具体的提案を行なっていない。結局、独立以後、何も変わっていないのだ。

災害によって破壊された原子炉の負担に加えて、三基の原子炉の解体は、技術的、人的、財政的に巨大な手段を必要とする大作業である。この問題に直接立ち入らずに、閉鎖要求を行なうことは、権力機構に現実の大きな衝撃を与えない、メディア対策的なものであろう。そして、政治的構成要素のおのおのが、「動揺の鎮静」のための役割を分担することになる。

チェルノブイリ原子力発電所の永久閉鎖問題に加えて、核モラトリアムがウクライナで揺らいでいる。一九九〇年、ウクライナ議会で、五年間の核モラトリアムが決められている。しかし、一〇〇〇万キロワットの三基の原子炉が、ほとんど送電系統網に接続されるばかりになっている。モラトリアムにもかかわらず、建設工事は進められている。これに加えて、原子力エネルギー財団・ウクライナ原子力プログラムは、外貨獲得の絡んだ強請手段を用いた。財団は、既存の原子力発電所と火力発電所では到底賄いきれない電力輸出契約を締結したのだ。フランス電力公社（ＥＤＦ）の技法のウクライナ版である。[5] この原子力財団は、政治的、財政的な制約を受けずに、ほとんど独立な活動を行なっている。[6] 市民には関わりを持たずに、災害がおきても、その結果を引き受けることがない政府の独立自治体である。

一九八六年に発足した議会委員会が、原子力エネルギーに関するあらゆる問題を監査する体制へとその権限を拡張したのが一九九二年である。しかし、原子力複合体にたいして、真面目な監査を行なうまでの実力を得ると期待するのは無理であろう。[7]「安全の文化」は「現実の政治」に比べて、軽いのである。ウクライナ原子力発電所所長にとって、新しい大災害を起こすことを危惧するのは、「通用しなくなったロマンティシズム」の表明に過ぎないのだ。[8]

フランス専門家が汚染地域除染のための草を発見する

フランス原子力安全防護研究所（IPSN：フランス原子力委員会から派生）の研究者が、根の中に放射性元素を貯めるという草を発見した。[9] この草を使えば、事故後の汚染地域の除染は簡単だという。この草を汚染地区に植え、後この根を含んでいる土地を数センチメートルの四角形にきり、根と土壌を（小石などをも含めて）分離する処理をすればよいという。それは結構だ。しかし、半径三〇キロメートルの円形地域（チェルノブイリ立入禁止地域）から、五センチメートルの厚さの表土を集めれば、一億四〇〇〇万立方メートルという巨大な量になる。放射性元素が土壌深く沈下する前に、この草を植え付けねばならない。土壌を四角に切りとる機械は、放射性元素を含んだ塵を飛び散らさないようにしなければならない。このためには、土壌に化学物質を散布して、これを重合させてプラスチック保護膜を作ればよいそうである。また、この方法は、表面土壌を削り取ってしまわず、小石が選別できる利点もあるという。

結局のところ、未来の大災害を管理する理想案は各原子力発電所の周囲の放射能汚染を受けた地域をこの草を植えたゴルフ場に変更することなのであろう。これは大変結構な案であろう。土壌は小石が取り除かれ、土地の世話をするに際して障害物がなくなっている。しかし、さすがに専門家達もこの方法を現実に提案するまでには至っていない。

「連合」と未来の核事故管理

核従事事業者の連合組織である世界核従事事業者連合（ＷＡＮＯ）は、チェルノブィリ事故の後創設された。事故時の情報流通を改善しようとして、核従事事業団体を組織したものである。この組合の機構と限界をものがたっている最近の例をあげよう。

一九九二年三月二十四日、サンクトペテルスブルグ近郊のサスノヴィボールの四基の原子炉のうちの一基から、放射性物質が流失する事故が起きた。(10) 汚染はフィンランド、スウェーデン、エストニアに及び、諸国政府はこれに対して抗議を行なった。汚染数値は、新聞記事には発表されておらず、事故の重大さと汚染程度は判らない。国際原子力機関（ＡＩＥＡ）は事故管理責任を負っている様子がなく、「ＡＩＥＡは放射線測定値に関する情報を入手しておらず」（ＡＦＰ通信）、また、「ロシア当局からの詳しい情報を待っている」（ロイター通信）との談話を繰り返すのみであった。

一九九二年九月二十二―二十三日にはブルガリアのコスロドイ原子力発電所で三つの火災が起こった。もう少しで大災害になるところであった。ここには、ＷＡＮＯが技術チームを常駐させている。他方、ヨーロッパ共同体の代表は二週間後にやっと事故が起こった事を知り、ＷＡＮＯ技術チーム長（フランス電力公社の技師）に、このことに対する不平を漏らした。技術チーム長はこれに対して、「私は、原子炉運転援助のためにブルガリアに来ており、スパイ活動のために来たのではありません」と、答えたのである。

国家、共同体、国際レベルの権力機構から独立に組織されたこの機関が、事故時の情報流通に、どのように対処しようとしているのか、この二つの例が明白にものがたっている。

清掃作業者のストレスと健康状態

モスクワの生物物理研究所と、キエフの放射線医療センターの責任者は、チェルノブイリの清掃作業者が「適応機構の異常」による特異な症状を示し、老衰、心臓循環系と中枢神経系の障害を患い易い状態になっており、また、消化器系と運動系の疾患が増加していることを認めた。[12] よく言われるような心理的ストレスではないのだ。

清掃作業者に、既に過剰死があることを示すデータが出ているのであるが、健康管理責任者はこのことを頭から否定しており、その非科学的なやり方には驚きを禁じ得ない。[13]一方、ある国際セミナーの席上では、「三〇キロメートルの地域で清掃作業した者は、小量の放射線被曝を受けた。このことによる障害は発癌ではなく、仕事適応能力の低下、寿命の短縮である[12]」と述べられている。いったい、これは何という言い草なのであろうか？　白血病や、癌死亡ではなく、寿命短縮による死亡であれば問題がないというのであろうか？　実際には、おそらく、大量の放射線を受けて体に障害が現われ、仕事も出来なくなって、治療らしい治療もほとんど受けることができずに、死んでいく労働者が相当数いるのだ。これを寿命の短縮と言い換えようとするのか？

汚染地域

中央政府の発表したデータ[14]にしたがって、我々は汚染地域に居住する三共和国の住民数を四五〇万人とした。

新しいデータによると、この数は少な過ぎるようである。[15,16]ウクライナの汚染地域住民は、モスクワの発表の数の二倍、二五〇万人になろう。一方、ロシア共和国では、一五地区で二五〇万人の住民がチェルノブイリ事故の汚染地域に居住していると登録されている。これに、ベラルーシの二二〇万人の該当者を加えて、合計七〇〇万人が汚染地域に居住していると概算される。

この数は、法的汚染地域（セシウム一三七による地表面積汚染が一キュリー／平方キロメートル以上）のみを考慮しているのである。しかし、法的非汚染地域でも、汚染はゼロではなく、危険が皆無ではないことを付言しておこう。

ウクライナでは、汚染地域の面積は五万平方キロメートルに及び、そのうち三万平方キロメートルが農地、二万平方キロメートルが森林である。ベラルーシの汚染地域は四万平方キロメートルである。この二つの共和国の汚染地区（一キュリー／平方キロメートル）の面積は、フランス国土の一六％に相当する。

茸採集の可能地域地図は、非汚染地域の境界を示していると見なすこともできよう。茸の採集量、消費量は、この地方ではフランスよりずっと多く、また、茸は放射能汚染に対して非常に敏感な食品なので、注目に値する。

放射性元素の濃縮効果が知られている何種かの茸について、ベラルーシの六地区の各々の実験植物研究所の研究者が、その採集情報を作成している。一九九〇年五月、新聞紙上に最初の地図（八三ページに掲載）が発表された。少し後になって勧告が発表され[17]、ベラルーシ全地域で、放射性元素の濃縮効果がある数種の茸採集が禁止された。法律で決められた土壌の汚染基準以下（基準の五分の一から十分の一程度の軽汚染）の「正常地域」において採集されていても、この数種の茸は共和国の食品基準以上の汚染を示す。一九九〇—九一年に食品汚染基準が低くなり、このためにこれらの茸類が非食用となったのである。当然、もっと以前から採集禁止とされるべきものであった。住民は、茸類に関する詳しい植物知識や面倒な法規制を、よく知っているであろうか？　不安を禁じ得ない。

通常セシウム一三七による汚染が問題にされ、ストロンチウム九〇については問題にされないことが多い。この他にも汚染元素があることは、忘れてはならない。ベラルーシ南方（ゴメリ州）では、農作業により地表に沈着したプルトニウム粒子が、空中に舞い上がることが注目されている。このために、地表の汚染が正常と見なされても、空中汚染は基準以上となるという事態も起こっている[18]。

最近の避難

避難・移住に関して最近のニュースは少ない。

ウクライナのチェルノブイリ関連問題省（キエフ所在）によれば、一九九三年三月九日現在、一九八九年以来の避難者合計は九万八〇〇〇人に及んでいる。この数は、得られた情報[15]を信頼すれば、セシウム一三七による一五キュリー／平方キロメートル以上の汚染地域に居住していて、一九九一年二月の法律により、強制避難が必要になった住民数にほぼ相当する。災害の直後に避難した者と、ほぼ同数の者が、災害から三―七年後に、新たに避難せねばならなくなったのである。法律によれば、これ以下の汚染地域でも、希望者は避難できることが保障されているが、この数については不明である。

ベラルーシでは、最も汚染された一七四の地区の住民、約二万二〇〇〇人の避難が一九九一年に行なわれている。[19] この人々は、四〇キュリー／平方キロメートル以上の汚染農業地域（七五ページの地図参照）に居住する村民と、関係施設の移動により社会経済生活ができなくなった村民である。学校、無料診療所、商店、役場などが移動して、周囲から消えてしまえば、生活はたいへん困難となろう。

一九八九年のベラルーシにおけるプログラム案によれば、常時監視区域の全住民（九万六五〇〇人）は、一九九五年までに避難を完了することになっている。汚染されていない正常食品を入手できない地域では、部分的に避難が行なわれ、また、十五歳以下の子供がいる家庭の避難も進行している。

最も緊急な措置を要するのは、ベラルーシの年間被曝線量が五〇〇ミリレムに達している区域である。ベラルーシ共和国の法令によれば、強度汚染地域は、本来、使用禁止であり、住民には（減税、特別手当などの）措置がとられることになっている。保健省の放射線医療研究所とベラルーシ赤十字が、この地域に未だ居住する住民の、放射性元素の体内負荷を下げるために、詳しい衛生勧告を行なっている。ビタミンが不足しない食事、肉の調理法などにも言及している。やりいか、海草などの海産物が放射線に対する生体の抵抗力を強化するのに良いと述べられているが、これはやや疑わしい項目である。内陸地のベラルーシでは、やりいかなど、入手が困難であろうから。禁煙し、アルコール摂取を減らし、良く睡眠することが何よりも大切であることを思い出そう。「労働、休息、栄養など合理的な生活スタイルの組織化が、チェルノブイリの放射線の影響を避けるために、必須条件なのである」[19]。避難を待っている数万人の住民が、おそらく、この衛生勧告を受けているであろうと思われる。

一九九〇年十一月のロシア最高会議の決定によれば、ロシア共和国では、ブリアンスク地区に居住する住民一一万人が避難を待っているが、その措置は遅々として進んでいない。汚染地区住民に関するロシア共和国の法令が完成したのは、やっと一九九二年十二月二十五日である[20]。この法令によると、セシウム一三七による汚染が四〇キュリー／平方キロメートル以上、年間被曝線量が五〇ミリレム以上の汚染地域に居住する住民の避難は、強制的であり（すなわち、住民避難は、まだ行なわれていないのだ）、また、これ以下の汚染地域でも、住民は、移住する権利があることが記されている。

ロシア共和国住民の木材利用、果物や茸に関する勧告は、ウクライナ、ベラルーシのものと共通であり、三―四年来変化がない。

ロシアの事故管理責任者は、数十万人に及ぶ住民が危険地域に居住するのを放置している。もし、彼らが一九八六年に避難していれば、彼らの健康上のリスクは、ずっと軽減されていた筈なのであるが……。ソ連中央政府が適切な措置を遅らせ、後に、各独立共和国が、この遅延をそのまま引き継いでいることは、放射線の誘起する癌死亡を増加させることであり、これは犯罪に他ならない。

健康問題、放射線恐怖症の破綻

ロシア中央政府責任者も、ウクライナとベラルーシで、諸病の罹病率が上昇していることを認めている。[14] 内分泌調節系、免疫系、心臓循環系が冒されている。また、皮膚感染症、自己免疫障害、感染症が増加している。ベラルーシでは、特に子供の耳鼻咽喉の慢性病理が激増している。[c] 貧血症が多発している。白血病の症例増加も報告されている。甲状腺障害は甲状腺癌に発展しているようである。

もはや、放射線恐怖症で片付けることはできない。監視区域住民の血液検査からも、放射性元素の存在が明らかとなっている例もある。[15]

ベラルーシで行なわれた解剖所見によると、内臓には放射性元素が蓄積されている。ゴメリとモギレフの住民では、セシウム一三七以外に、プルトニウムとストロンチウム九〇が検出され、その存在量は時間経過にもかかわらず、減少していない。このことは、食料および呼吸による慢性的な汚染が進行していることを、ものがたっている。[21]

神経中枢系の異常を持つ新生児数が増加し、このことによる流産が増加している。[15] 新生児調査と出産前診断の特別プログラムが制定された。

警告――ベラルーシの子供達にみられる甲状腺癌の症例増加

英国科学誌『ネイチャー』の一九九二年九月号に発表された二つの論文[22]は、放射線防護関連の医学・科学界で大問題となった。この論文は、一九八六年以来ベラルーシの子供にみられ、チェルノブイリ事故に原因すると思われる甲状腺癌の異常増加を扱っている。

この二つの論文は異例の二部構成である。前半の論文はベラルーシ医師による症例報告であり、後半の論文は世界保健機関（ＯＭＳ）のヨーロッパ局とスイス政府後援のベラルーシ視察団、五医師によるものであり、前半論文の確認である。ベラルーシ医師の報告が信用されるためには、西側科学者の後押しが必要だと言うのだ。甲状腺癌の発生は被爆後、八―十年以降のことであると、今までは考えられていた。放射線沃素の摂取後、それよりもずっと早く子供の甲状腺癌が発生したことは、予期に反するものであったが、しかし、現実であった。

前半論文でベラルーシ医師は、「我々は、甲状腺癌の症例増加は、唯一、チェルノブイリ事故の直接の結果であったと考えている」と結論している。以下には、西側医師が、前半論文のデータを確認し、検討している部分から、引用を行なおう。

「甲状腺癌に対する検査方法の改良のために症例が増加したのではない。切除された癌組織の割合は高く、悪性腫瘍である。年齢十五歳以上の大人の甲状腺癌の症例も増加しているが、年齢がこれ以下の、子供の甲状腺癌の症例が激増している。十五歳以下の子供の甲状腺癌の自然発生率は、子供一〇〇万人に対して、通常、一年一人である。ベラルーシの内で放射性降下物が最も多量であった、ゴメリ行政区の全人口は二五〇万人であるが、ここでは、一九九一年と一九九二年六月までの一年六カ月の間に、子供の甲状腺癌が八〇件報告されている」

「放射性降下物による大量の被曝を受けた人が多いことと、爆発直後の放射能を帯びた雲によって被曝した人が多いことが、チェルノブイリ事故を前例のないものにした。核爆弾実験によるマーシャル群島での放射性降下物による被曝は同程度であったと思われるが、被曝者はずっと少なかったと思われる。ウィンズケール（現在、セラフィールドと改名）核施設の事故では、被曝者数は多数であったが、被曝量はもっと少ない様子であり、甲状腺異常の長期的な研究報告はない。他の核実験による放射性降下物や、原子力発電所事故（スリーマイル島事故）などに関する研究も、明瞭な結論に至っていない。放射線被曝量と癌発生の強い相関関係が、日本の原爆被曝残存者の研究から得られているが、この被曝は外部被曝であり、この研究では、放射性降下物の影響は確認されていない。放射性降下物による甲状腺の発癌効果が、特に胎児や幼年児において、以前考えられていたものよりずっと大きいものであることを、ベラルーシの経験は示唆している」

「マーシャル群島と日本の原爆被曝者の研究からの類推を行なうならば、ベラルーシの甲状腺癌は、今後、長期にわたって増加し続けるであろう」

この報告は、チェルノブイリ災害によりベラルーシ、ウクライナ、ロシアにおいて健康障害は起きていないとするウィーン国際原子力機関の発表と、まったく対立・矛盾している。このような形で、西側の専門家が東側の医師に援助を行なったのは類例のないことであった。現実をカモフラージュするための圧力がいたるところに浸透しているので、このような援助、連帯は特に貴重である。(23) ベラルーシの甲状腺癌が、まだその発現期の初期であるのに多数現われたことは、被曝の大きさをものがたっている。数十万人、あるいは実に、数百万人の人々が甲状腺被曝したのである。実に「大規模な経験」であった。

子供の甲状腺癌は、通常、白血病と同様、症例が少ないものである。だから子供の甲状腺癌の増加は重大な放射線被曝があったことを推定させるものである。子供の甲状腺癌は、原子力事故による健康障害を知るために、早期の生体指標の役割を持ち、全被害者数の算定の見積りのために役立つものとなろう。子供の甲状腺癌を発生させた内部被曝は、甲状腺だけではなく、他の内臓をも冒しているであろう。また、子供のみならず、大人にも、放射線による他の部位の癌が発生することは確実であろう。しかし、大人の癌の潜伏期間は長いので、この因果関係を証拠付けることは難しい。統計的な証拠付けは難しいのであるが、だからといって、人々は死ぬことを止めたりはしない。

変わらざる者の再来

恐るべき保健大臣アナトリー・ロマネンコに対する激しい批判が、事故後の数カ月間、ウクライナで起こった。彼は、災害の範囲を隠し、その健康上の影響を隠した。彼は休職にされたが、彼ほどの人物を失業させるには忍びない。彼は、すぐにキエフの放射線医療研究センター所長に指名された。彼は、チェルノブイリに動員され、作業を行ない、後に病気になった清掃作業者の、補償金を要求する請求文書を検閲するための、諮問委員責任者となった。彼は、清掃作業者の健康状態と被曝の関係を否定するために、あらゆる手を尽くした。これは、まさにスキャンダルであった。清掃作業者の一部は、「彼らは、ロマネンコに対して要求を行なったのであるが、それにもかかわらず、この要求をロマネンコが処理しないように」と訴え(24)、一九九〇年一月、ハンガー・ストライキを行なった。

一九九二年十一月の末、科学アカデミーの全体会議で、アカデミーの新しい会員と有資格者を、挙手で選出した。この会議の雰囲気について、次のような証言がある。「科学者達が、選挙に参加せずにすむように隠れるのは、滑稽でもあり、目を背けたくなるものでもあった。このために、選出は定数に達せず、会議は十一月二十五日に持ち越された。今度は投票が行なわれた(25)」。こうして、ロマネンコはアカデミー有資格者に選ばれた。彼は、ソ連の放射線防護責任者のL・イリンが、汚染地域の住民避難者を減少させようとして画策した措置に、賛成して、ゴルバチョフに直訴を行なった署名者九二人のうちの一人でもある。ベラルーシとウクライナの科学者によれば、一〇〇万人におよぶ住民避難が必要であった。直訴は、ソ連中央政府の決定に反対するこれら多数の科学者に打撃を与えるためになされた。この科学者達のうちには、アカデミー会員も多かったのであるが……。しかし、現在では、科学界の秩序も回復してしまった。少数の科学者は心を痛めていることであろう。しかし、多数の科学者は過去を忘れようと決心している。これは、命令に従ったのではなく、選挙において、自ら選択したものなのである。

ベラルーシでも、事情は似ている。汚染地区における健康状態の悪化と、その病理を報告しようと努力し、以前、国際学会で力強い宣言をした科学者は、現在、黙しがちであり、彼らからの活発な学術論文は、最近、残念ながら届いていない。

ベラルーシ、ウクライナ、ロシアの科学者達が、観察事実を報告すると、原子力委員会や他の機関が彼らのところに馳せ参じ、機材を提供し、必要とする資金を貸与しようと申し出ているのであろうか？　これが、彼らの沈黙の原因なのであろうか？

結論

一九八六年四月の事故以来、住民の要求により地方政府は地域の汚染についてある程度までの情報を提供し、事故処理のための法令を策定した。この法令は、人々の健康に対する影響の直接感覚を反映し、それに由来する社会情勢を反映した、人民の圧力によってできたものであり、政治家の住民保護のための措置として策定されたものではない。この点で、この法令は興味深いものであるが、しかし、この法令が実際に実施されることは、初めから期待できないものであった。

残念ながら、地方政府はこの法令の適用のために必要な具体的内容を決めていなかった。このために、この法令は抽象的であり、宣伝の役目を引き受けることとなった。地方政府は、ソビエト政府に、法令措置の実施のための財政を要求したが、これは、まじないの祈願に過ぎなかった。

人民は、事故の責任者に対する裁判を要求した。しかし、裁判されたのは、事故処理の管理責任者が主であり、事故責任者、原子炉の設計者、原子力発電所の所有者ではなかった。チェルノブイリ原子力発電所所長は非公開の裁判で有罪となったが、その後まもなく、その職に復帰した。だれか他に有能な者はいないのであろうか？　空前の大事故に対して、所長が何の責任をも負わないというのか？　あるいは、真の責任者をかばった彼の分別の償いとして、職に復帰することができたのであろうか？

諸共和国の独立は、期待に反して、状況を好転させなかった。窮乏はさらに度合を強めたので、非汚染食品に対する要求や、避難、非汚染地域での住居と雇用を求める要求は、これに隠されて、鎮静する結果となった。窮乏に加えて、独立後の政治的展望の欠如の前に、人々は失望した。責任者は裁かれなかったし、今後も、裁かれないだろう。せっかく策定された法令も、実施される様子はない。改善策の見通しはなく、独立政権も当てにはならない。

ウクライナとベラルーシでは、住民がデモを行なうこともなくなった。環境保全運動（ウクライナの緑の党）は、政治に巻き込まれて、原点が不明確となった。その日を生き延びることに精いっぱいの住民が無気力になったために、政治的関心も消失するのかと思われたが、現実の状況は複雑で、パラドックスに満ちている。これらの政府機関が放射線防護の保健勧告*を盛んに行なっているのである。ロシアでは、住民の静かなのを良いことに政府は沈黙を決め込んでいたが、やっと公的機関が保健勧告や、汚染地域の住民状況の報告を開始し始めた。今まで活動的でなかった政治責任者は、住民の健康状態が悪化して、彼らが急に目覚めるのを恐れているのであろうか？　政府の健康勧告書は、法令の規定に従えば、恐れるべき放射線の影響を軽減させ、これを避けることもできると説明している。住民の健康状態が悪化したときには、規定に従っていなかったからであるという言い訳がなされるかも知れない。

＊訳注　ソ連崩壊以前、ベラルーシとウクライナに比べてロシアにおける住民保護対策案が特に非具体的であり、緩慢に策定されたことについては第二章の「独立以前の諸共和国の住民保護対策案」（九二ページ）の項で述べた。しかしソ連崩壊後ロシアでは汚染地区住民の法令が一九九二年十二月二十五日に制定されている。これは『ロシスカヤ・ガゼータ』紙に一九九三年二月二日付で発表された。この法令は第四章の「最近の避難」の項（一六九ページ）で説明されている。

実は、慢性の汚染から身を護る唯一有効な手段は、非汚染地域へ住民を避難させること以外には有り得ない。しかし、避難したとしても、既に被曝した体の影響を消去することはできない。細胞に刻印された損傷を、それ以上つけ加えないというだけなのである。

ベラルーシ保健省の放射線医学研究所が作成した文書では、汚染地区で生活する住民に衛生指示をしており、また、放射線の健康に対する有害性をはっきり述べている。しかし、この文書では、汚染を受けた住民のリスクについては、説明を避けている。放射線被曝により、身体に既に損傷が刻印されており、潜伏期間の後、癌となるかも知れず、これにはなす術がないのである。このことを、どのように当人に知らせれば良いのであろうか?

災害の直後、有効な決定がなされなかったことが、被害を大きくしており、中央と地方の責任者は、このことに直接の責任を負っている。ベラルーシでは、チェルノブイリ近接地区に居住する妊婦と子供の避難は、モスクワの許可なしに決定したが、これは束の間だけのことであった。将来多くの人々が癌で死亡することになれば、政府が適正な決定をしなかったことに、その責任は帰せられるべきである。このような言い方には、人々の激しい反応を呼ぶ可能性があり、政治責任者が古い官僚性に頼り続けるならば、住民の管理はできなくなるかも知れない。

癌の潜伏期間は長く、被曝者が年老いてから初めて発現する。それゆえ、他の病因による死亡の増加があれば、発癌効果は判定し難くなる。保健手段の窮乏に、生活のための消費物資の窮乏が加わると、責任者の災害管理は大いに楽になる。死亡統計の管理は、最低限、国家の存在理由をかけて、厳正に行なって欲しいものである。[26]

かくして、チェルノブイリの被害者達は、無関心と責任者の嘘に隠されて、責任の所在も判らないままに、死亡していく……。

［注］

（1）『週刊ニュークレオニクス』誌、一九九二年五月七日号

（2）Z・メドベージェフ、『国際ニュークリア・エンジニアリング』誌、一九九一年五月号

（3）騒ぎが起きれば、連絡をとること（通信連絡）が、最も大切な戦術となる。関連機関の内部連絡、諸機関への連絡、メヂィアを通した公衆への連絡、危機時の直接連絡、このような情報網を支配することの必要を経験が教えている。パトリック・ラカデック（ポリテクニク経済学研究所）「危機における通信連絡戦術」、『鉱山アナール』誌、一九八六年十—十一月号

（4）一九九二年五月十四日付の『週刊ニュークレオニクス』誌は、世界核従事事業者連合（WANO）議長ロード・ワルター・マーシャルによるチェルノブイリ原子力発電所を支配する雰囲気の印象記をのせている。「所員は、新しい町スラブチチからひっそりした原子力発電所まで汽車で往復し、原子力発電所から戸外に歩いて出ることは不可能であった。……　ほとんどの所員は士気が低く、何もしていないので、やるべき作業を行なっているのかどうか疑わしかった」と。

（5）電力輸出優先契約を結ぶにあたり、フランス電力公社（EDF）は原子力発電所のどれか一基が重大事故となった場合、電力欠乏をきたすことになると、フランス政府に脅しをかけた。こうして、電力過剰が著しいにもかかわらず、EDFはさらに原子力発電所の建設を認めさせた。

（6）原子力産業の発展のためには、決定が閉鎖した所で行なえること、事故を起こしても責任を問われないことが必要らしい。フランス電力公社（EDF）は「民主的」に、ウクライナ原子力複合体は「官僚的」にこれを実現した。しかし、両者の原則は同じである。

（7） フランスでは、「科学技術の選択を評価する議会事務所」が開設された。このことは政府の技術政策に変化をもたらすものではないが、政治家は議員達が事情を把握するのに役立ち、民衆の信頼を回復し、議会が直接介入する必要がなくなるであろうとの幻想を抱いている。これは、「騒ぎを支配」する一要因である。

（8） 『ルモンド』紙、一九九三年二月十四―十五日

（9） 『フィガロ』紙、一九九二年九月十七日。『週刊ニュークレオニクス』誌、一九九二年九月二十四日。『ルモンド』紙、一九九二年九月三十日。『リベラシオン』紙、一九九二年十一月十日。その他

（10） ロジェ・ベルベオーク、「サスノヴィボールに関して」、『ガゼート・ニュークレエール』誌一一九／一二〇号、一九九二年八月

（11） 「リベラシオン」紙、一九九二年十月二十七日

（12） K・K・ドシュチン、国際セミナーテキスト「キチュトム、ウィンズケール、チェルノブイリの三大事故において放出された放射性元素の環境に与えた影響の比較評価」、七八七ページ、ルクセンブルグ、一九九〇年十月一―五日

（13） イリヤ・リクタロフ、「一三万人から一八万人の清掃作業者のうちで、六〇〇〇人から八〇〇〇人の死者があったのは正常であり、放射線被曝のない比較集団でも、事情は類似している」、『週刊ニュークレオニクス』誌、一九九二年五月七日号

（14） S・T・ベリャーエフ、V・F・デミン、「対策措置の長期の結果とその有効性」、核事故とエネルギーの将来の関する国際会議録、チェルノブイリの教訓、一九九一年四月十五―十七日

（15） アンドゥリ・ブルガコフ、チェルノブイリ事故対策のウクライナ委員会専門家、私信

(16)『週刊ニュークレオニクス』誌、一九九二年五月七日号
(17)『ミンスク・ソワール』紙、一九九一年八月二十六日、A・ビラン（ベラルーシ訪問の住民援助グループの科学者）からGSIENへの情報
(18)L・A・チュニーキンその他、「農産物のプルトニウム濃縮」、高放射能粒子の国際シンポジウム、チェコスロバキア、ズノジュノ、一九九二年十月十二—十六日
(19)A・ビランによって、モギレフからの最も正確な値がGSIENに伝えられた。この値は、一九八九年七—十月のベラルーシ政府の避難計画の値（第二章にも説明した）と合致したものである。（『ガゼート・ニュークレエール』誌一〇〇号、一九九〇年三月）
放射性元素で汚染された地域に居住する住民のための勧告、ベラルーシ保健省の放射線医療科学研究所、ベラルーシ赤十字中央委員会）
(20)『ロシスカヤ・ガゼータ』紙、一九九三年二月二日
(21)E・コノプリヤ、ルクセンブルグでのセミナーから、一九九〇年十月一—五日、『ガゼート・ニュークレエール』誌一〇九／一一〇号、一九九一年六月、八ページ
(22)ベラ・ベルベオーク、「ベラルーシの子供にみられる甲状腺癌」、『ガゼート・ニュークレエール』誌一一九／一二〇号、一九九二年八月。『ネイチャー』誌三五九号、一九九二年九月三日、二一—二二ページ
(23)西側の医師達のうちにはベラルーシとウクライナの医師達と協力研究したいと考えている者もいる。しかし、彼らはもともと原子力関係の責任を負っている者ではないかと察せられる。「チェルノブイリの子供達」の枠で、三〇〇人の子供達がフランス北部地方に夏の間やってきたが、リールの病院B、原子力

医療の責任者、ベルニュ教授とコキ博士は、「チェルノブイリの子供達」は放射線被曝に由来する病気ではないと断言した。ベルニュ教授は記者会見で、「放射線病理学的な原因はないことが分かっており、特別の事態は起こっていない」ことを確かめるために、キエフに新しい無料診療所を作る用意があると述べた。彼はさらに、「チェルノブイリで住民の健康を放射線の観点から研究しているチームはもはや存在しなくなった」とも述べる（『ノール・エクレール』誌一九九二年八月十三日）。

これは、『ネイチャー』誌の記事が現われる三週間前の事であった。ベルニュ教授が北部地方の原子力医療の教育責任を負っていないか心配である。彼は一体、クロード・ベルナールによって創始された実験研究の基本法則を心得ているのだろうか？ 疑わしい限りである。

(24) 「チェルノブイリからの情報」、情報ソビエト局、一九九〇年四月、パリ、『ガゼート・ニュークレエール』誌一〇九／一一〇号、一九九一年六月

(25) ウラジミール・コリンコ、ジオルジ・クリアレフスキイ、著作「真実、未知のチェルノブイリ」

(26) ロジェ・ベルベオーク、「専制社会の重大な危険」、科学危機に陥る人類、『視点』誌一五号、『ルモンド・ディプロマティク』一九九二年五月

証言

レオニード

一九八六年五月一―三十日、チェルノブイリに配属されて緊急作業を行なった徴集兵、レオニードについての、母オルガの記録。

・一九八六年六月の初め……顔色悪し、咳、息づまり、無力感、食欲減退。

・一九八七年一―七月……夜通し咳止まず、頭痛激し、食欲全くなし、多量の脱毛、腰と頸部の痛み、四肢の痛み、胃の痛み、神経質、無力感。徴集兵としてチェルノブイリで労働した、レオニードの友人達に、オルガが出会う。彼らもレオニードと同じように、頭痛と多量の脱毛を訴えていた。

・一九八七年七―十二月……二二本の歯が脱落する。

・一九八七年十二月十八日……兵役終了。
・一九八八年六月……治療も効なし。三年間は子供を作ることは無理であり、重症であると宣告される。
・一九八八年七月……体重八キロ減少。
・一九八八年七月二十六日……自宅で急死。チェルノブイリで働いて以来、二年余りであった。

オルガから質問を受けた医師は、レオニードの死亡は放射線によるものだと明言した。しかし、死体収容所で交付された死亡証明書には「未確認有毒物質による毒死」と記されていた。これを読んだオルガは腹がたってどうすることもできなかった……。

「マルチーヌ・ドギオーム「チェルノブイリ、黒い遺産」、『トランキル』誌一号（パリ）、一九九二年、二二八―二二九ページより」

ウラジミール

ウラジミールは、一九九〇年二月キエフの第二五病院にいた。彼は感染症の治療を受けていたが、急遽、放射線治療に変更された。他にも、ウラジミールと似た症例が、多数あった。担当医師は、次のように語った。

「ウラジミールは、四月二十五日、二十六日の両日、チェルノブイリ原子炉から七〇〇メートルの地点にいた。釣りに行く用意をしていた。爆発直後、何が起こったのかを見ようと彼が通りに出たところ、黒い粉が降ってきた。建物に入ってこれを洗い落とした後、再び屋外に出て原子炉から二五〇メートルまで進み、そこで十分間ほど様子を見ていた。半時間後、突然吐き出し、同時に、下痢が起こった。通りに戻り、そこで十五分ほど車を待った。四月二十七日、第一二六病院に行ったところ、モスクワの第六病院に転送され、そこで入院した。診断は以下のようであった。

第三度の急性放射線障害。ガンマ線とベータ線による一様な外部被曝が主であったが、体表に付着した放射性物質のために局部被曝も加わっている。第三度の骨髄症。第一度及び第三度の頸部、胸部、手、前腕、腕、下肢、足、および腰の一部の皮膚火傷。生体損傷から評価して、被曝量は五四〇レム程度であったと考えられる。

四年後、患者はモスクワの第六病院とキエフの第二五病院の間を往復している。一九八七年には、右脚の皮膚三分の二の移植を行なったが、三—四カ月後、移植箇所に潰瘍が発生した。両脚に浮腫を伴った滲出性の潰瘍が繰り返し発生する。この他に次の症状がある。

・両眼の白内障。
・平臥姿勢において胸部傷みを伴う冠状動脈の局所貧血。
・脚部痒症、関節痛、そのための不眠。
・息切れ、疲労感、虚弱質化、左下腹部の繰り返す痛み、頸傷、眩暈、記憶後退、短気質化……。

〔マルチーヌ・ドギオーム「チェルノブイリ、黒い遺産」、『トランキル』誌一号（パリ）、一九九二年、二三〇―二三一ページより〕

「清浄」区域と「非清浄」区域

一九八六年四月末日。ジトミール州のナロジチ地区は、避難区域に指定されなかった。この地区では、チェルノブイリ原子力発電所から一番近い村は五〇キロメートル、一番遠い村は九〇キロメートルである。四月二十六日、この地方に放射性雲を運ぶ西風が吹いていた。一九八九年二月の時点で、この地区の土壌表面の放射線量が、八〇キュリー／平方キロメートルを越す場所が何箇所も見つかった。遠隔の役所から行政官がやってきて、この地区を「清浄」区域と「非清浄」区域に分割するようにと指示した。ナロジチの党委員会書記は、この指示に困惑した。放射線を帯びた塵は、風によって、雨後の水流によって場所を変え、牧畜と輸送によって拡散するから……。

ペトロフスキのコルホーズ共同農場では、頭が蛙のような小豚を見た。眼の代わりに繊維質の瘤があり、角膜も瞼もなかった。

コルホーズの獣医ピョートル・クージンは「このような奇形が、たくさん発生しているのです。生後、すぐ死ぬのが普通なのですが、この子豚は、まだ生きています」と説明した。

農場は小さく、牛三五〇頭と、豚八七匹がいた。事故以前の五年間で、このような奇形豚三件の出産が記録されているが、牛の奇形はなかった。しかし事故以後の一年間で、奇形豚の出産が三七件、奇形牛の出産が二七件、合計六四件もあった。一九八八年には一月から九月までの間に、奇形豚の出産は四一件、奇形牛の出産は三五件になった。牛の奇形は頭、四肢、眼、肋骨を欠いていることが多い。豚の奇形は眼球突出、頭骸変形などである。

私が「このことについて科学者はどう言っているのですか?」と質問すると、クージンは次のように答えた。「キエフの放射線農業研究所に出かけて、このことを報告しました。しかし、彼らは、この奇形に関心を示さないのです。彼らは奇形家畜の死体を検査したが、放射線以外にも多くの要因があり得るというのです。私は獣医ですから、そんなことは知っています。でも、この発生数を考えると、原因ははっきりしているではありませんか? 私達の農場からの家畜の、買い入れ先の責任者は、放射能汚染が基準以上だと言って、私達の家畜の受け入れを拒否したのです」と。

アナトリ・メルニクによると、住民の慢性疾患が増加し、手術を受けた人の術後快復が遅れていることを、医師達が認めている。また、癌発生が倍加し、唇と口腔の癌が、特に多く発生している。ナロジチ地区の保健所によると、子供の半数は甲状腺疾患を患い、そのうちの多数は、第二度あるいは第三度の重症である。セシウム一三七の体内摂取量についても報告されている。これによると、住民のうち、三五%が一—二マイクロキュリー、四%が三—五マイクロキュリー、四%が五—一〇マイクロキュリーのセシウム一三七を体内摂取している。

すぐに、大規模な措置を講じる必要がある。今までに行なわれた措置では、まだ充分ではないのだから……。

道路と農作業のための広場をアスファルト化せねばならないが、これはまだ、四分の一も進んでいない。ガス供給は遅れており、住民は木のストーブを主に用いている。薪を水洗いしてから燃やし、灰を肥料としないように勧告が出されているに過ぎない。

地方だけでは解決できない問題が山積している。電力屋の過失のために巨大な損害を蒙った農民が、気密室のついたトラクターを、自分の費用で、購入しなければならないのか？　気密室だけで、一四〇〇ルブールもかかり、これが数百台は必要である。

非汚染地帯で、一カ月あるいは二カ月の休暇をとれれば、セシウム一三七の体内汚染をきれいにすることが出来るのだが、地方責任者は、住民の休暇を合法化することが出来ない。

［ウラジミール・コリンコ、一九八九年二月十九日付『モスクワニュース』の記事「余病」、一九八九年七月の『ガゼート・ニュークレエール』誌九六／九七号の再録記事より］

生きる楽しみが消え失せた……

これは、ナロジチ地区の村民一三五人が署名した手紙の抜粋である。「この頃、子供達の健康状態はたいへん悪化している。彼らは虚弱になり、具合いが悪く、頭痛があり、視力が衰えた。失神や骨折が頻繁である。学校での集中力が低下し、健康状態の悪化のため、学校欠席が目立ってきた。

生きる楽しみが消え失せている。我々は、子供達を川や山に遊びに行かせるのが、心配である。我々は、子供達に畑でとれたものを、食べさせている。これが良くないことを知りながら、他にどうしようもないから……。安全食品が店にはなく、学校での安全食品の配給は一日一回である。「厳重監視区域」ならば、一日三回安全食品の配給があるのだが、この地区は「厳重監視区域」には含まれていないので。

［ウラジミール・コリンコのルポルタージュへの反響、『モスクワニュース』二二号、一九八九年五月二十八日より］

甲状腺病理、感染症、白血病病理

放射性沃素汚染による甲状腺症の病理

ロフコの小児科医、生物学者のアレクセイエフ・シバロボーバは、我々に十歳になる少女ナディアを紹介した。

「彼女は事故当時、ナロブリャに居住しており、六歳であった。彼女は事故の十一日後、五月七日に村から避難した。その十一日間、彼女はミルクをたくさん飲んだ。彼女はモスクワに行き、後に再び、ナロブリャに帰ってきた。彼女の甲状腺は、一年来肥大してきた。痛みはないが、ますます肥大し、硬化している。ナディアは虚弱となり、疲労し易くなり、虚脱状態である。チェルノブイり以前、彼女はこのようなことは、全くなかった」

我々は、医療診断の結果を見せて欲しいと頼んだ。超音波反射計は、一様な甲状腺の肥大を示していた。しかし、ホルモンの機能検査はされていなかった。医師達は怒りながら、我々に訴えた。「超音波反射計も、数カ月前に入ったばかりなのです。しかし、この移動診療所には、甲状腺機能テストの実験室がないのです。でも、被曝者監視のこの移動診療所には、事故以来六〇〇〇人の列が出来て、我々が、その診療をしたのです!」と。

ナディア以外に、一五―一〇〇キュリー/平方キロメートルの汚染区域から避難した五人の少女達が、紹介された。子供達の甲状腺は、いずれも肥大していた。オキサナは、ゴメリ(八八キュリー/平方キロメートルの汚染区域)に住んでいたが、一九八九年になって甲状腺が腫れてきた。子供達の甲状腺は、今後もますます悪化しそうだが、医療や病理研究は進んでいない。

次に、一九八六年五月二日に避難が行なわれた区域に住んでいた、ウラジミールに会った。彼は事故当時二歳で、牛乳をよく飲んだ。今日、彼の成長は遅れており、甲状腺は軽度の肥大している。疲れやすく、学校に行くことはできないが、知能は正常である。

小児科医、M・タマラ博士は次のように述べている。「ゴメリの子供達の二五%は、甲状腺に一〇〇〇レムの被曝を受けている。このうち、八〇%の子供達は、現在、甲状腺症を呈している。初期には、甲状腺機能は異常増進し、その後、低下する」と。彼女は、甲状腺機能が低下した重症の二人の子供の推移に注目している。

感染症病理

十二歳のタチアナには、組織「チェルノブイリの子供達」と、タチアナの父親から、紹介された。彼女は、事故当時チェルノブイリに居住しており、初期にキエフ方面に避難した。彼女も甲状腺肥大を呈しているが、一九八八年になって、昼夜咳が止まらなくなり、抗生物質の投与を行なったが、効果がなかった。皮膚テストの結果、結核であることが判ったので、サナトリウムで療養することになった。しかし、結核治療を行なっても、咳は止まらず、X線検査の所見では、主として左肺に存在する多数の病巣には、変化がない。

汚染区域の住民には、耳鼻咽喉と肺の感染症が増加している。ビエトコ地区の十五歳以下の六五四八人の子供に対する調査によると、一九八六年から一九八九年の間に、咽喉炎は倍増し、耳鼻咽喉炎は三・五倍、肺感染も三・五倍となっている。ゴメリ、ミンスク、ルジナ州でも、検査が行なわれており、近い数値を得ている。

白血病病理

一九八九年に初めて避難が行なわれたポリエスコエの一二〇〇人の子供達に対して、血液検査が行なわれたが、すべての子供達の白血球系統に変質がみられた。この子供達は、セシウム一三七とセシウム一三四による汚染が四〇—三五〇キュリー／平方キロメートル、ストロンチウムによる汚染が五キュリー／平方キロメートルの地域に、三年間以上住んでいたのだ。

子供達の急性白血病は五〇％増加したと、ある小児科医師は言っている。ニーナ・ラズバエヴァ博士は、数値を示してくれた。彼女はビエトコで十四年働いている。ビエトコでは、毎年、三〇〇人の新生児が誕生する。ここでは、チェルノブイリ以前には、白血病は一件で、リンパ球腫はなかった。しかし、チェルノブイリ以降、三件の白血病と一件のリンパ球腫があった。

我々は白血病の子供達に紹介された。
・ニコライ……十歳半、事故時にはルジナに居住、現在はキエフ。リンパ球性の急性白血病。
・リザ……十八歳、事故時にはビシオブィに居住、現在はキエフ。リンパ球性の急性白血病。
・アンヌ……十三歳、事故時にはチェルノブイリに居住、現在はキエフ。リンパ肉芽症。
この他に、事故後、キエフ方面に避難し、白血病が現われた一二人の子供達に会った。

フランスでは、被曝後こんなに早く、白血病が現われるとは、予想していなかった。広島と長崎では、白血病は被曝後六年たって発現し、十年後にその数は頂点に達している。そのことからすると、チェルノブイリ事故による白血病が発現するのはもう少し後であろうと、思われていたのだ。

広島と長崎は、放射線による白血病の唯一の大規模なデータとして、いつも参照にされていた。しかし、チェルノブイリからの報告に照らしてみると、広島と長崎のデータを無批判に信用することはできないようである。原因としては、先ず、両者の汚染状況が相当、異なっている点である。

次に、広島と長崎の調査は、被曝後五年たって開始されたものなので、それまでに起きた白血病を見落としている可能性がある。広島と長崎の調査は批判を許さないドグマであったが、チェルノブイリのデータを率直にみるならば、この調査の結論は部分的に見直す必要が見えてきたようである。

［マルチーヌ・ドギオーム「チェルノブイリで白血病が既に発現」、『ジェネラリスト』誌一一七六号、一九九〇年五月二十九日、「チェルノブイリ、黒い遺産」、『トランキル』誌一号（パリ）、一九九二年、二三六、二四七ページより］

清掃作業者の病状

チェルノブイリに召集された清掃作業者の健康障害は良く知られており、法令により、必要な医療と補償金が与えられている。

しかし、発病しても、治療が受けることができない場合があるのは、残念である。障害が放射線によると認定されなければ、治療を受けることはできないのである。また、彼らは登録された被曝量しか被曝していないと見なされ、登録被曝量は最大で二五レムである。一九九〇年四月に行なわれた証言によれば、「被曝量は勘に頼って決められた。数分、あるいは、数秒しか居れない高汚染の場所があった。しかし、誰もそんなことに注意を払ってられなかった。放射線が高い場所があったことを思い出そうとしても、許された時間だけしかおらず、然るべき放射線を受けたと記録された。清掃作業者は、記入された数値に注意を払っていなかった。」

しかし、記入された被曝量は決定的なものであった。この被曝量が小さければ、通常障害として扱われた。この場合、三十―四十歳の障害者は、月七〇―一二〇ルーブルを受ける。しかし、これは薬品代にも足りないものであった。立つことが出来ず、毎日失神し、病院で長時間拘束されている人に対して、運転手として、仕上げ工として働けというのか？　以前の給料と同額の年金を受け取るためには、清掃作業者は大きな被曝量を申し出て、これが証明書に記入されていなければならなかったのだ。

多くの清掃作業者は、彼らの健康状態の悪化（診断は、通常、神経循環系萎縮であった）は、チェルノブイリで行なった労働の結果であることを認めて欲しいと、一九九〇年一月ハンガー・ストライキを行なった。しかし、答えは「放射線恐怖症」であった。清掃者業者の健康問題が、チェルノブイリの労働に関連していることを、証明することは簡単ではない。これに取り組んでいる医師は少数である。一つはモスクワの生物物理研究所に所属する第六病院の医師達と、もう一つは、チェルノブイリ事故の後、特設されたソ連医師アカデミー所属の放射線医療研究センターの一部であるキエフ放射線診療所の医師達である。他方、清掃作業者の訴えは多数であった。チェルノブイリ事故の汚染除去作業と、疾病・障害の間の因果関係を調査する関係省間の鑑定委員会が発足したが、この委員会の委員長はご都合主義と辣腕家で知られる放射線医学国立研究センター長、A・ロマネンコ、その人であった。不平の訴えが、不平の相手自身により、審査されることになってしまった。チェルノブイリで働いた清掃作業者の健康問題は、原子力関係の組織ではなく、独立した専門家によって、調査されなければならない。

[「健康問題」、『ガゼート・ニュークレエール』誌一〇九／一一〇号、一九九一年六月、八ページより]

用語解説

吸収放射線量

ラドとグレイ

放射線は物質中を通過する時に、エネルギーを失う。放射線の物質に与える影響を見積るには、放射線が物質中で失ったエネルギー、すなわち、物質が吸収したエネルギーを測れば良いのであり、これを吸収放射線量という。この単位が、ラド、あるいは、グレイである。一グレイは一〇〇ラドである。

レムとシーベルト

生体に対する放射線の影響は吸収放射線量に比例しているが、放射線の種類によってその比例定数は変わる。放射線の生物的被曝量は、吸収放射線量と放射線による生体破壊効果を表わす定数を掛け合わせたものである。この掛け合わせを吸収放射線相当量という。この単位が、レム、あるいは、シーベルトである。一シーベルトは一〇〇レムである。ベータ線、ガンマ線については、生体破壊効果の定数は一である。アルファ線の生体破壊効果は大きく、この定数は二〇である。特に区別する必要がない場合には、吸収放射線相当量のことを、吸収放射線量という。

体の単一臓器のみが被曝すれば、その臓器当たりの吸収放射線量という。吸収放射線量といえば、普通、全身被曝である。

生涯吸収放射線量とは、汚染地区に居住する人が、その地区で七十年間の生涯に受ける吸収放射線量である。生涯被曝量ともいう。

復習事項

一九九〇年以降、国際放射線防護委員会が勧告する放射線許容量は、放射線従事者に対しては、二レム（二〇ミリシーベルト）となった。それ以前は、五レム（五〇ミリシーベルト）であった。一般人に対する放射線許容量は一九八五年以来〇・一レム（一ミリシーベルト）である。それ以前は、〇・五レム（五ミリシーベルト）であった。

許容量というのは、放射線被曝の危険と無害を分けるものではない。あらゆる放射線被曝は、危険を伴っている。国際専門家が勧告する許容値は、原子力産業の発展を全面的に停止させないための経済的な考慮に基づいている。フランスの放射線防護専門家は、国際放射線防護委員会の一九九〇年勧告にまで被曝許容量を下げることに反対している。原子力産業が、余りにも不都合を蒙る、という理由によってである。

自然放射線による被曝は、年間平均して〇・一レム（一ミリシーベルト）である。この値は一般人に対する一九八五年以来の放射線許容量に等しい。自然放射線による被曝を避けることはできない。また、これが無害だというわけでもない。自然の致死癌のうち、五％から一〇％は、自然放射線によるものと考えられる。

放射線被曝による損害価格

放射線被曝による損害価格とは、放射線被曝によって誘発される癌の数と、被曝者の子孫の遺伝病の数を見積り、これを価格として現わすものである。この価格は、死者数に対して算定される。しかし、人の受ける損害は死亡だけではない。疾病の増加率（罹病率）やその重篤度に影響を与える免疫系の損傷を、損害として加えるべきであろう。ところが、罹病率を定量的に、価格として現わすのは難しい。

放射線癌の価格は、専門家の間に激しい議論を起こした。原子力産業や放射線治療に関連した者は、この価格を低く見積る。

放射線による癌死者数の見積りにも問題がある。一〇〇万人の人口が各々一レム（一〇ミリシーベルト）の被曝をした時に、何人の癌死者が発生するのか？　これが、放射線による癌死亡リスク定数と呼ばれる数である。国際放射線防護委員会（ICPR）は、一九七七年、この数を一二五人とした。しかし、日本の原爆被曝残存者の死亡調査の結果では、この数が一七四〇人と見積られた。ＩＣＰＲは一九九〇年、この定数を何の根拠もなしにいじくり、これを五〇〇人とした。専門家が無視しているある研究では、日本の原爆被曝残存者から見積った定数よりも、ずっと大きな値が得られた。この研究は、原爆被曝残存者がある偏りを持っており、このことが定数を過小評価する結果になることを、良く説明するものである。この研究は、決して無視されるべきではない。

放射線被曝による子孫の遺伝的死亡数は評価が難しい。しかし、公に認められている定数よりも、大きなものであろう。

損害と利益の試算式で、社会的な放射線被曝の損害価格を取り入れようとする専門家は、結局のところ、この価格を金額で算定する。こうして、癌や遺伝障害による人々の死が計量され、経済学者が使用できるようなレムの価格が決まる。

放射線活性度

放射線元素の原子核が原子核崩壊するときに、原子核から放射線が放出される。故に、物質（静物、あるいは生物）中の放射線量、放射線の活性度の指標としては、単位時間当たりに、いくつの原子核が崩壊するかを知る必要がある。ある物質中、一秒間に一個の割合で原子核が崩壊するとき、このような原子核分裂の活性度を一ベクレル（一Bq）という。

原子炉炉心や、事故時の放射線活性度を現わすには、ベクレル単位では小さすぎるので、旧単位である一キュリーを用いる。一キュリーは三七〇億ベクレルである。チェルノブイリ事故では、何千万キュリーという放射線が放出された。これは、事故以前の原子炉炉心に溜っていた全放射線活性度のほんの一部である。土地の放射能汚染、すなわち、土地表面の放射線活性度を表わすためには、平方キロメートル当たりのキュリー数（キュリー／平方キロメートル）を単位として用いる。

汚染された土地では、動物や植物にも放射性元素が移行する。こうして、この土地に育成された肉類、牛乳、チーズなどの食品が汚染される。生体や食品の汚染度、その放射性活性度を表わすには、キュリー単位は大きすぎる。通常、キログラム当たりのベクレル数（Bq／kg）で表わす。

放射性元素は、消化や呼吸により体内に摂取される。皮膚や傷口から摂取されることもある。これが、生体汚染である。個人の体内の放射性活性度は、放射線の体内負荷とも呼ばれている。生体の受ける放射線被曝量は、体内負荷による内部被曝と、放射線を含んだ雲や土地の長期沈着した放射線源からの、外部被曝の合計である。

放射性元素の体内摂取による生物学的効果は、放射性活性度（すなわち、体内での原子核崩壊数）、その時放出される放射性元素の種類、また、放射性元素の体内分布や代謝によって決まる。沃素は甲状腺に、ストロンチウムは骨に沈着し、セシウムは体内に一様に分布する。放射性元素ごとに、その生物学的効果（有毒性）は、たいへん異なっている。

国際放射線防護委員会（ＣＩＰＲ）は、各放射性元素ごとに年体内摂取許容限界値を決めている。

一般人にとって、CIPR（一九九〇）出版物六一に記載された値は次のようである。

	呼吸摂取	消化摂取（ベクレル／年）
ストロンチウム（Sr九〇）	三〇〇〇	三〇〇〇〇
沃素（I一三一）	五〇〇〇〇	四〇〇〇〇
セシウム（Cs一三七）	一〇〇〇〇〇	五〇〇〇〇
プルトニウム（Pu二三九）	一五	二〇〇〇

この値は、核事故における食品汚染の基準を決めるのに重要である。この値が厳しくなるたびに、専門家は農業の経済制約に合致するように、食品からの放射性元素の体内摂取モデルを変更しているかの観がある。

公式の体内摂取許容限界値は、動物実験を用いて、数学的モデルから計算して決められる。用いられる動物は、しばしばネズミである。これから、人についての値を決めるのは、大胆なことである。それ故に、体内摂取許容限界値を用いるときは、用心が必要である。年間の被曝許容量が五分の一に減らされたのと時を同じくして、プルトニウムの呼吸摂取による毒性が、理由なく、四分の一に減らされてしまった。このために、体内摂取許容限界値は、ほとんど変更せずに済んだということもあった。放射線防護の基準を決めるに当たって、このような変更はつきものである。

チェルノブイリ事故のよって住民が受けたような、多種の放射性元素の複合した影響を評価するのは、難しいことである。ウクライナ、ベラルーシ、ロシアの住民は、この点を知るための、大規模な実験テーマでもある。

放射性元素の活性期間

放射性元素の活性期間（半減期）とは、放射性元素が原子核崩壊して、その半分が消失するための期間である。放射性元素の数は、半減期が過ぎると、初期の半分となり、半減期の二倍の後、初期の四分の一となる。半減期の十倍の後には、初期の約一〇〇〇分の一となる。

多くの人は、半減期の十倍の後には、放射性元素の活性はほぼ完全に消失し、毒性がほとんどなくなると考えているが、初期に、放射性元素が大量に存在しておれば、半減期の十倍後でも、毒性は無視できない（放射線の生体効果には、しきい値は存在しないのであるから、無視できるという言葉にも、気をつける必要があることを、繰り返しておこう）。

放射性元素によって、その半減期は、以下に挙げるように、たいへん異なっている。

沃素一三一	八・〇四日
セシウム一三四	二・〇六日

セシウム一三七　　　　三〇年
ストロンチウム九〇　　二九・一年
プトニウム二三九　　　二万四〇六五年

半減期が一週間程度の放射性元素の活性度は、数カ月後には、相当小さくなる。半減期が数年から数十年の放射性元素の活性度は、おおよそ数十年から数百年である。プルトニウムは放射性毒性がきわめて強いことに加えて、放射性活性が何十万年と続く。

有効半減期

体内に摂取された放射性元素は、二つの要因により減少する。その一つは、物理的半減期による放射線減少であり、もう一つは、放射性元素の体外排出による生物学的減少である。この二つが複合して、体内に摂取された放射性元素が初期の半分になる期間が、有効半減期である。

実際には、問題は簡単ではない。体内に摂取された放射性元素は、時間的に同じ割合で排出されるのではない。一部は急速に、残りはもっとゆっくり排出される。その元素が沈着する器官によっても、差がある。例えば、ストロンチウム九〇は、柔らかい組織からは急速に排出されるが、骨からの排泄は遅い。

専門家は、数値定数を適当に決めなければならない複雑なモデルを用いて、問題を扱っているが、全体的な姿は見え難いものである。

大人に対する有効半減期の数値例を挙げよう。しかし、これが最終的な値ではなさそうであり、その変化をアマチュアが追おうとしても、理解できないのである。

骨に沈着したストロンチウムの有効半減期は十三年、セシウム一三七は百十日、プルトニウムが骨に沈着した場合の有効半減期は五十年、肝臓に沈着した場合は二十年である。

この値は文献によって同じではない。自由社会では、すべてが市場の法則に厳正に従っているかのようである。

モデルの複雑さが、基準設定に弾力性を与えているようにも思える。例えば、イギリスでは、子供は大人よりも放射性セシウムに対して感受性が高いことが、公式に認められており、子供、特に、乳幼児に対するセシウムの有効半減期が厳しくなった。一九八七年になって、英国の専門家の研究の結果、子供のセシウム汚染基準は、大人よりもずっと短いことが明らかになった。子供に対して、放射性セシウムの毒性は強いが、体内には長く留まらないというのだ。この結果、セシウム汚染基準を子供に対して、厳しくする必要はなくなった。奇妙なことに、このことが明らかになったのは、一九八七年、チェルノブイリ事故後である。一九八七年といえば、英国にもチェルノブイリ事故が波紋を投げかけていた。この研究のおかげで、乳業界のチェルノブイリ事故後の処理は、相当簡単化されたであろう。

高線量放射線被曝による急性障害と、低線量放射線被曝による晩発障害

人は、きわめて多量の被曝を受けると、即死する。被曝量がやや低下すると、即死ではなく、二、三週間後に死亡する。被曝量がさらに低下すると、被曝者の半数が死亡し、半数は生存する。被曝量が、さらに低下すると、死亡には到らず、その代わりに被曝によるショック状態、神経症候、吐き気、嘔吐、紅疹、小腸出血、無力感、白血球減少、白内障、脱毛等々の臨床・生理的な症状のみが起こる。これらの症状は数週間後、一応快復する。また、その症状の重篤度は被曝量と直接関係している。これらは急性障害である。被曝量があるしきい値以上の場合、これらの障害は、概して短期間であるが、必ず出現するので、決定的障害とも呼ばれている。しきい値以下の被曝では障害は現われない。急性障害はその後、快復しても、後遺症は残る。例えば、骨髄被曝のために造血組織が損傷を受けると、免疫力が低下し、病気にかかりやすくなる。チェルノブイリ事故の初期の死亡者三一名のうち、二九名は急性放射線症状により死亡した。慢性的な大量被曝による決定的障害については、あまり言及されていないが、この場合、白内障のように、障害の発現時期が異なっているようである。

他方、しきい値以下の、例えば自然放射線程度の小量の被曝では、臨床症状は現われず、短期の障害は現われない。しかし、小量被曝者が多数いれば、長期間後には、これらの者のうちで、癌に

よる死亡が増加している。死亡にいたる潜伏期間は長期にわたるので、晩発障害である。癌死亡者のうち、誰の死亡が放射線被曝によって誘発されたのかを知ることはできない。自然に起こる癌と、放射線被曝によって誘発された癌は、全く同じだからである。このような被曝による晩発障害を、確率的障害、あるいは、確率的死亡とも呼ばれている。被曝量の増加とともに、大量被曝を受け、生き延びた人でも、この人が充分長生きすれば、晩発障害が起こり得る。

晩発障害である癌死亡に対しては、しきい値が存在せず、低線量被曝でもその量に比例して癌死亡が発生するということは、最近国際放射性防護委員会など公的機関によってはっきり認められるものとなった（このことについては第二章の「許容線量基準の策定に向けて」〔二〇六ページ〕の項に詳述されている——訳注）。

生殖細胞が被曝すれば、子孫に遺伝的障害を残すことになる。この障害は、癌の場合と同じように、確率的な晩発障害である。

低線量被曝においては、発癌と遺伝障害のみが公式に認められていた。しかし、チェルノブイリ事故の影響を受けた住民には、罹病率の増加が顕著である。このことは、いままで専門家には知られていなかった、低線量被曝の効果があることを示している。

数年来、フランスの放射線防護の専門家は、メディアで新語を使い始めた。決定的障害を「確定障害」と、確率的障害を「非確定障害」と、呼び方を変更している。しかし、これは混乱を呼ぶものであり、言葉の詐欺である。決定的障害も、確率的障害も、両方とも確定障害である。決定的障害は、個人レベルで確定的であり、確率的障害は、被曝者集団に対して統計的に確定的である。この言葉の変更は無心になされたものであろうか？　原子力委員会（CEA）専門家が編纂し、農業組合連合と牛乳経済職業センターにより出版された本『農業、環境——事故の反応』の中で、この言葉が使われており、CEAから派生した原子力安全防護研究所（IPSN）の、ネノとクーロンによる著作『チェルノブイリ事故とその予期せざる被害状況』（一九九二年九月）にも、同じ言葉がみられる。

土地汚染による人体放射線被曝量（この項目は訳者による解説である）

土地汚染の程度を表わすためにはキュリー／平方キロメートルの単位が用いられる。一キュリー／平方キロメートルの汚染では、平方キロメートルの土地で毎秒三七〇億個の放射性元素が崩壊し、同数の放射線が放出されている。このために汚染地区で生活する人は、その放射線を体外から受け被曝する。これが外部被曝である。同時に、土地汚染の原因である放射性元素を塵と共に呼吸したり、食品と共に食べて体内摂取してしまい、このために体内から放射線を被曝する。これが内部被曝である。内部被曝量は、その土地の汚染ミルク・野菜をどの程度食用にしているか、また放射性元素を含んだ土埃がどれ程舞い上がるかによるので、見積りは難かしい。半減期の長い放射性元素によって土地汚染されている場合は、その土地で生活する人はより長期間被曝するので生涯被曝量が大きくなる。

セシウム一三七の半減期は三十年であり、この核種による土地汚染が一キュリー／平方キロメートルの時、この土地で生活する人の生涯被曝量はほぼ一レムとなる。セシウム一三七による土地汚染が一五キュリー／平方キロメートルの強い汚染地区で生活する一〇〇万人の人々の生涯被曝量はおのおの一五レムとなり、リスク定数を一〇〇万人当たり五〇〇人とすれば、一五×五〇〇人、すなわち一〇〇万人のうち七五〇〇人がこのために癌死亡することになる。これを避けるためには一刻も早い避難以外にはない。

ストロンチウム九〇の土地汚染があり、この元素の内部被曝が起これば、この元素は有効半減期が長く、骨に被曝期間にわたる積算合計が沈着するので、セシウム一三七の場合に比べて人体効果は厳しいものとなる。

またプルトニウムの土地汚染があれば、この元素の半減期が極めて長く、その土地では人々は末代まで半永久的な被曝を受けることになる。さらにプルトニウムを含んだホットパーティクル（高放射性粒子）の体内摂取は最近わかりつつある大問題である。プルトニウムの土地汚染が〇・〇一キュリー／平方キロメートルの土地で生活を続けることには悲観的にならざるを得ない。

頭文字略号

CEA（Commissariat à l'énergie atomique）＝フランス原子力委員会

この機関は、「科学、産業、国防のあらゆる分野で、原子力を用いて、科学技術研究を行なう」ために、一九四五年十月十八日付の法律により、誕生した。この法律では、原子力エネルギーは、当然民生と軍事に関して深い関連を持っている。

IPSN（Institut de protection et de sûreté nucléaire）＝フランス原子力安全防護研究所

ＣＥＡから派生した。この研究所の科学委員会に、先年、ＣＥＡに関係のない人を加えて、独立な機関であることを強調しているが、両者の関係は深い。

SCPRI（Service central de protection contre les rayonnements ionisants）＝フランス放射線防護中央局

この機関は、形式的にはフランス保健省に所属しているが、実際には、独立な省として機能している。局長のペルラン教授は、陰ながら、原子力産業の盲目的過信者、支持者であり、労働者と一般人の放射線防護を取りしきっている。

AIEA（Agence internationale de l'énergie atomique）＝国際原子力機関（英語略号はＩＡＥＡ）

ウィーンに本部があるのでウィーン機構ともいう。一九五六年十月二十六日付の条約により法制化された。法規三―Ａ―一には、「世界中で原子力エネルギーを平和目的の実用に供するため、便宜を計り、これを推進することを目的とする機関である」と明記されており、ＡＩＥＡは原子力の国際推進機関である。この機関が原子力事故の管理に関与し始めて以来、内部では相反する議論があったようであるが、外部には明らかになっていない。

OMS（Organisation mondiale de la santé）＝世界保健機関（英語略号はＷＨＯ）

一九五九年五月二十八日の第一二回の保健国際連合集会において、ＡＩＥＡとＯＭＳは密接な協力関係を持つことが合意された。

CIPR（Commission internationale de protection radiologique）＝国際放射線防護委員会（英語略号はＩＣＲＰ）

この委員会の設立は、一九二九年の放射線国際会議で決まった。委員は国籍によらず、見識を基準に互選され、更新される。しかし、委員会のフランス籍の四人の互選メンバーは、すべてCEA所属者である。

国連レベルやヨーロッパレベルなど、いくつかの専門委員会がある。そのメンバーは政府所属者の場合もあるし、独立者の場合もある。委員会のメンバーの顔ぶれを見ると、政府代表と、独立専門家に、相当数の同一人物がいる。彼らが、放射線防護の国際基準を決めているのだ。

WANO（World Association of Nuclear Operators）＝世界核従事事業者連合

世界の原子力従事事業者の連合組織であり、政府から独立した私的機関である。独立した共和国に分散する旧ソ連の原子核施設を結ぶ、唯一の連合組織である。

訳者あとがき

この本は、BELLA ET ROGER BELBÉOCH, *TCHERNOBYL, UNE CATASTROPHE*, ÉDITION ALLIA, Paris, 1993 の翻訳である。著者のベルベオーク夫妻は二人とも物理学者であり、主人のロジェ氏は加速器物理学が、妻のベラ氏は固体物理が専門である。

私がご夫妻と知り合ったいきさつから書こう。私も固体物理の実験を行なっており、専門はベラ氏の分野に近い。固体物理では結晶の構造を決定し、結晶を構成する原子の原子運動や、ある種の原子に付随する磁気子の運動の測定を行なうことが重要である。X線や中性子線の散乱実験はこのために欠かすことができない。

X線ビームの実験は一実験室内でX線装置を用いて行なうことができる。しかし、中性子ビームの実験は、世界中でもごく少数の限られた研究用原子炉などきわめて大型の装置を用いなければならない。私が行なおうとしていた中性子散乱の実験は、共同研究者と相談して決めた純粋に個人的な動機によるものであったが、この実験を行なうためには、巨大な研究用原子炉の炉室に入って、原子炉のまわりを取り囲む複雑な多数の測定装置群をかいくぐって、そのうちの一装置を使って実験するのであり、私達の実験はこの国立の研究用原子炉の大きな運転計画・目標のごく一部をなすものとして扱われるのであった。私には、目の前に屹立する巨大な原子炉壁が、原子力という巨大なプロジェクトが具体化したもののように見え、原子力に関連した政治、社会の流れを目の前にしているように思われた。私の実験は、一方では基礎物理に属していながら、他方では核・原子力の問題への視点が交差する位置にあると、私は感じたのである。私は同じ分野の研究者達がこのことに関してどの様な意見を持っており、新入者の私は先輩、同僚から何を学ぶことができるのであろうかと、最初大いに胸をときめかしていたのを思い出す。

ところが、当時の私のまわりの多くの研究者は自分の研究は基礎物理であり、核・原子力の問題は一般的な社会問題であると、あっさり両者の関係を断ち切っているのであった。それは賢明な判断であったのであろう。原子力の問題に意識的になったとしても、重苦しく到底整理がつきそうもない難問が出てくるだけであり、いっこうに得にはなりそうもないのであるから……。

しかし、私はこのような割り切り方に甘んじたいとは思わなかった。核・原子力の技術への視点を持つ物理の研究者でさえ、核・原子力との関連を断ち切ってしまうのならば、直接の関係者以外で誰が原子力の問題を進んで意識するであろうか？　世の中には、一方に放射線被曝による障害者がいて、他方にはそのことに無関心な市民がいるだけだということになるのではないか？　このような物理研究者の割り切った態度は、日本だけの事ではないようであった。私が国外に出かけた個人的な体験からすると、カナダでも、アメリカでも、フランスでも私のまわりの研究者の態度は似ていた。

もう十五年以上も前の事であるが、私がパリ・サックレー原子核研究所を訪問したとき、「原子力問題に意識的で、革新的なエコロジストを紹介しよう。何しろこの研究所にはあらゆる人物が揃っているから」と、フランス青年が引き合わせてくれたのが、ベラ氏であった。ベラ氏は、小じんまりして良く整理された実験室で、たくさんの現像されたX線写真をながめており、静かな研究者の雰囲気があった。私の核・原子力問題に対する不満と関心を聞いて、ベラ氏は同意し、納得してくれた。ベルベオーク夫妻に親しくして頂いたのはそれ以来のことである。

ベルベオーク夫妻の行なっていた実験も放射線に関連したものであった。夫妻は放射線が関連したあらゆる問題に広い関心を持ち、本格的にデータを集め、研究を開始していた。例えば、通常放射線実験者は、放射線取扱の面倒な法規を理解することと、これを遵守することだけでも精一杯なのであるが、夫妻は、その法規が制定された経緯と変遷の歴史、その根拠にまで遡って関心を持っておられた。夫妻はもともと心やさしいアカデミックな物理研究者であり、反原発の運動組織家や、運動実践の闘士ではない。しかし、その意見は厳しく、非妥協的で、同僚との意見の不一致をみると、時として激しい議論を交わされるのであった。私は短いサックレー研究所滞在の後も、夫妻と連絡をとり、フランスにおける原子力の情報や、夫妻の原子力問題に関する研究を教わり、たいへん親切にして頂いた。

夫妻がチェルノブイリ災害について新しい著書を出版されたのを読んで、時期を得た、たいへん重要な内容であると考え、その翻訳を思い立つに至った。

著書の構成を追ってみよう。

第一章では、チェルノブイリ事故に関連して、原子核・原子力の研究開発の発端と、その歴史的発展に触れている。洞察はきわめてユニークであり、哲学的な深みで展開されている。少なからぬ人々が希望を託する原子力技術は残念ながら反人類的な特徴を持っており、そのことが切れ味鋭く、徹底して追求されており、時として、ブラック・ユーモアだと感じてしまうほどである。

第二章では、チェルノブイリ事故の経緯、事故後の住民の管理、旧ソ連と西側の原子力の諸機関が行なった事故報告などについて述べられている。層としての科学者、専門家が被曝を受けた住民の健康障害を無視し、原子力産業に組みするものであること、また、被害が軽度であったとする国際機関の報告とは異なり、事態が大変深刻であることが述べられている。

第三章では、チェルノブイリ事故による放射線被曝を受けたために、後年癌になって死亡する人の人数の算定とその算定の根拠が述べられている。

第四章は、一九九三年に新しく書き加えられた章であり、ソ連崩壊と各共和国独立の後、チェルノブイリ事故がどのように扱われようとするかについての新しい動向が述べられている。

チェルノブイリ事故の直後、この事故に関する関心は極めて高かったが、現在、この事故について語られる機会は少なくなり、過去の事として埋没されかねない。しかし、チェルノブイリ事故の姿が明らかになったわけではなく、対策の決着がついたのでもない。本格的な事故の影響は今後なのである。それにもかかわらず、新しいニュースに触れることも少ない。このような時に、チェルノブイリ事故をもう一度現在の視点に立って総括的にとらえ直す本書は、重要な役目を持つものであろう。

この著書では当然の事ながら、チェルノブイリ事故の経緯と現状を説明することに重点が置かれているので、夫妻の放射線問題に関する今までの関心と研究結果、現在何が必要であると考えるかという取り組みの姿勢はさりげなく、簡単に触れてあるだけである。つい見落とすことになるかも知れないので、それらの事について少し説明したい。

ベルベオーク夫妻は核問題に関して広範な興味を持っている。広島と長崎に原爆が投下されて、原子核分裂という新しい物理現象が突然世の中に提示されたとき、人々、特に、科学者達がどのような最初の反応を示したかは、人の判断を探るために興味がある。夫妻は、この点に焦点を当てながら、当時の新聞などのメディアを中心に詳しい調査をされている。青天の霹靂の原爆の一撃を受けて、息絶え絶えになった広島と長崎の市民の苦痛に重いを馳せたフランス人は当初きわめて少なかったのであり、そのかわりに、第二次大戦中ナチス・ドイツに対して抵抗の姿勢を貫いた高名なフランスの物理学者ジョリオ・キュリーらの物理学者が、原爆の糸口となった自分の大発見を誇示し、原爆の達成を祝福する姿が浮かび上がったのである。夫妻は注2の中で、この調査について触れている。夫妻は、広島、長崎の被害者側の肉体的災害、悲劇を上塗りするものとして、加害者側の意識の悲劇に強いこだわりを持っておられるのがわかる。

夫妻が放射線問題のうちでも特に力を入れているのは、低線量の放射線被曝による晩発障害としての癌死亡の問題であろう。この点に関しては、本書の各章および用語解説にも十分に説明されている。原子力関連のいろいろの国際機関が、放射線により誘発される癌死亡のリスク定数や、一般公衆の放射線許容線量を発表している。しかし、これらは医学的な立場から、純粋に科学的に算定されたものではなく、公衆に対する癌誘発のマイナスと、原子力産業のプラスとのバランスの妥協値なのである。人体に対する癌誘発の危険だけからすれば、放射線許容線量はゼロでなければならないのだ。癌誘発のリスク定数を見積る上で最も信用され、権威があると見なされているデータは、米日が合同で行なった広島、長崎の原爆被曝者の追跡調査である。しかし、この調査においては、調査データが偏っており、見積られたリスク定数は実際にはもっと大きいのではないか、また癌以外の死亡をも引き起こしているのではないかと最初に指摘したのは、イギリスの疫学者スチュワートであった。夫妻は何度もスチュワート論文を紹介され、自分でもこのことに関して、注70、71の文献に、論文を書いている。私も、夫妻から刺激を受けて、スチュワート論文を読み、広島、長崎の原爆被曝者の追跡調査を別の角度から眺める上で大変重要なものであると思ったので、このことに関する解説文を私自身も書いている。これが注15の訳注のものである。

本書の第一章、第四章で述べられているように、チェルノブイリ事故により住民に多くの感染症や甲状腺被曝が発生している。これは、放射線被曝による晩発障害は癌のみであるとする広島、長崎の調査結果とは食い違っている。このことも、スチュワートの指摘が当を得たものであることを証明するものであろう。

ベルベオーク夫妻は層としての科学者、専門家が原子力産業の走狗と堕し、人々の健康と生命に対する危険を軽視する許せない役割を担っていることについて、本書の中で多くの言葉を割いて、激しくこれを非難している。実際に科学者、専門家の言動は人々を欺く許せない反人民的役割を担っており、また、真摯な物理学者として出発したベルベオーク夫妻にとって、このような科学者、専門家の言動は、夫妻の研究に対する信念に矛盾しており、非難せずにはおれなかったのである。

フランス放射線防護中央局（SCPRI）局長ペルラン教授がベラルーシの科学アカデミーの放射線防護基準の会議で述べた参考意見は問題があった。教授は生涯被曝が一〇〇レムに及ぶ強い放射線汚染地域に住んでいても避難には及ばないという意見を述べたのである。行政はペルラン教授の参考意見を大いに活用して、住民避難なしで済ませようとしたという。ペルラン教授の意見を聞けば、人々はこれに落胆し、皮肉でも言ってから、このような話題から遠ざかるかも知れない。しかし、夫妻はこのような悲観的、厭世的な立場をとらない。夫妻はペルラン教授に激しく抗議し、他のグループの人々とともにSCPRIの元締めであるフランス保健大臣に抗議の手紙を出すのである。この手紙は注55で全文紹介されている。夫妻の直接的で、激しい対応が伝わってくる。

このような国際的な専門家の問題発言はフランスだけから行なわれるとは限らない。夫妻から寄せられた「日本語版への序文」に述べられているように、国際原子力機関所属の委員会が一九九一年五月に行なったチェルノブイリの事故報告では、住民に対する放射線の影響を全面的に否定している。この委員会には、広島の放射線医学の二人の権威が名前を連ねているのである。

本書において、夫妻のチェルノブイリ事故を見る視点はフランスからの視点である。しかし、いままで述べたように、その視点には広島、長崎が何度も焦点を結んでいる。原子力について考えるとき、フランスからの視点と、日本からの視点には共通するものが多いのである。これは、世界中で原子力発電が後退する中で、フランスと日本が共通して原子力を積極的に推進し続けており、両国とも原子力大国であることを考えると、当然の結果なのであろう。

本書でのベルベオーク夫妻の科学者、専門家への批判が徹底しているので、読者の内には夫妻は悲観的な、辛口の皮肉家ではないかと思われる向きもあるかも知れない。しかし、そうではない。第四章の冒頭に夫妻の信念がのべられている個所がある。この部分を引用しよう。「原子力発電は危険がなく、専門技師は核技術を完全に掌握しており、大災害は起こり得ない、放射線は無害であるなどと、言い触らしているフランスの専門家達を告発し、対決しなければならないと著者は考えている。このことが、チェルノブイリ事故による災害を少しでも軽減し、また、再び大災害が起きないように、一九九一年以来の新官僚と戦っている、東の人々と連帯できる最も有効な手段であろうと、著者は考えている」と。本書ではここだけにしか出てこないのであるが、これは間違いなく夫妻が送る熱い連帯のメッセージである。夫妻は、チェルノブイリの悲観的状況の進行を悲しみながら、自身の信念に基づいて発言を続け、意の通じる人々との広い連帯を求めておられるのである。

なお訳者の翻訳は不慣れなものであり、このため原文の文章に忠実な訳を試みると、これが時々日本語として読み難いものになってしまった。このような時は原文の意図に忠実であることを唯一基本の原則として、単語を変えたり、文章を補ったり、やや冗長で重複した記述の一部をカットして、読み易さをはかり、日本語の流れに沿うものにした。例えば、第一章の「ソ連における災害管理」では類似した内容の二つの節をまとめて「共和国の独立が災害管理に与えた影響」という一つの節とした。これらのために訳者が予期していない何らかの不都合が生じるようなことがあれば、それはすべて訳者の責任であることを付け加える。

また、翻訳を進める上でいろいろとお世話になった緑風出版の高須次郎さんに心からお礼申し上げる。

私の訳が、ベルベオーク夫妻のチェルノブイリ事故に関するメッセージと警告とをお伝えすることに役立てば幸いである。

[著者略歴]

ロジェ・ベルベオーク、ベラ・ベルベオーク

夫妻はともにフランスの物理学者。夫のロジェは、加速器、高エネルギー物理が専門で、オルセーの大学研究所勤務を経て引退。『世界哲学辞典』の「核社会」の項の著者。妻のベラは、物性物理、結晶構造解析が専門で、フランス原子力委員会所属のサックレー研究所勤務を経て、引退。核・放射線問題に関するフランス科学者の情報グループ＝GSIENの世話役。夫妻はともに、核問題・原発問題の研究にとりくみ、とくに原爆開発の経緯や低線量被曝について重要な指摘を行なっている。

[訳者略歴]

桜井醇児（さくらい　じゅんじ）

1936年、京都市生まれ。富山大学名誉教授。専門は極低温・磁性実験。フランス・グルノーブル原子エネルギー研究所に留学中に、ベルベオーク夫妻と知り合い、夫妻の徹底した原発批判に啓発された。

チェルノブイリの惨事《さんじ》［新装版］

定価2400円＋税

1994年12月28日　初版第1刷発行
2011年　5月20日　新装版第1刷発行

著　者　ロジェ・ベルベオーク、ベラ・ベルベオーク ©
訳　者　桜井醇児
発行者　高須次郎
発行所　緑風出版 ©
〒113-0033　東京都文京区本郷2-17-5　ツイン壱岐坂
［電話］03-3812-9420　［FAX］03-3812-7262［郵便振替］00100-9-30776
［E-mail］info@ryokufu.com［URL］http://www.ryokufu.com/

装　幀　斎藤あかね
制　作　R 企 画　　印　刷　シナノ・巣鴨美術印刷
製　本　シナノ　　用　紙　大宝紙業　　E1000

Jyunji SAKURAI　Printed in Japan　ISBN978-4-8461-1106-9　C0036

◎緑風出版の本

プロブレムQ&A
なぜ脱原発なのか
[放射能のごみから非浪費型社会まで]
西尾　漠著

A5変並製
一七六頁
１７００円

暮らしの中にある原子力発電所、その電気を使っている私たち、でもやっぱり不安……。なぜ原発は廃止しなければならないのか、廃止しても電力の供給は大丈夫なのか——私たちの暮らしと地球の未来のために、改めて考える。

プロブレムQ&A
むだで危険な再処理
[いまならまだ止められる]
西尾　漠著

A5変並製
一六〇頁
１５００円

青森県六ヶ所村に建設されている使用済み核燃料の「再処理工場」。高速増殖炉もプルサーマル計画も頓挫しているのに、核廃棄物が逆に増大し、事故や核拡散の危険性の大きい「再処理」をなぜ強行するのか。やさしく解説する。

原発は地球にやさしいか
温暖化防止に役立つというウソ
西尾漠著

A5判並製
一五二頁
１６００円

原発は温暖化防止に役立つとか、地球に優しいエネルギーなどと宣伝されている。CO2発生量は少ないというのが根拠だが、はたしてどうなのか？　これらの疑問に答え、原発が温暖化防止に役立つというウソを明らかにする。

ドキュメント　チェルノブイリ
松岡信夫著

四六判上製
三六六頁
（グラビア一六頁）
２５００円

チェルノブイリ原発事故は、語られ論じられるほどには情報が少なく、その全体像がわかりにくい。本書はソ連国内の各紙誌を原資料として事故の全過程とその影響が深刻化する2年間の動きを忠実に追ったドキュメント。